# 生活中的常识
## ——从饮食到日常保健

刘永庭 主编

成都地图出版社
CHENGDU DITU CHUBANSHE

图书在版编目（CIP）数据

生活中的常识：从饮食到日常保健 / 刘永庭主编.
成都：成都地图出版社有限公司，2025.1. -- ISBN 978-7-5557-2568-8

Ⅰ.TS976.3

中国国家版本馆 CIP 数据核字第 202486UF30 号

## 生活中的常识——从饮食到日常保健
SHENGHUO ZHONG DE CHANGSHI——CONG YINSHI DAO RICHANG BAOJIAN

| 主　　编：刘永庭 |
| --- |
| 责任编辑：杨雪梅 |
| 封面设计：李　超 |

出版发行　成都地图出版社有限公司
地　　址　四川省成都市龙泉驿区建设路 2 号
邮政编码　610100

印　　刷　三河市人民印务有限公司
（如发现印装质量问题，影响阅读，请与印刷厂商联系调换）

开　　本：710mm×1000mm　1/16
印　　张：10　　　　　　　字　　数：100 千字
版　　次：2025 年 1 月第 1 版
印　　次：2025 年 1 月第 1 次印刷
书　　号：ISBN 978-7-5557-2568-8
定　　价：49.80 元

版权所有，翻印必究

# 前　言

我们每天都在生活，可是有多少人会静下心来认真考虑一下，我们怎样生活才会更健康？

其实，生活也是一门学问，不懂得其中的学问，我们就可能会在不知不觉中错过很多美好的事物，就可能会养成很多不好的习惯，从而影响到我们的身体健康以及工作和生活的质量。为此，我们必须探讨一下应该怎样生活。

那么究竟怎样生活才更健康、更科学呢？这需要我们重新回到生活中来，学习一些必要的生活常识。生活常识是人们在很长一段时间内，通过不断的探索、分析和总结得出的较为实用的生活知识。它涉及营养、饮食、家居、穿衣、护肤、运动等生活的众多方面，可以说，生活常识无处不在，我们时时处处都要和它们打交道。比如：哪些食物有助于增强记忆力？怎么吃才能健康减肥瘦身？哪些生活习惯会损坏大脑？如何正确清洁面部？这些都是生活中可能会遇到的常识性问题。

本书从服务大众，提倡健康生活，改变不良生活习惯的角度出发，收集了生活中各个方面的有关常识，内容翔实，通俗易懂。书中以提问的方式，简单明了地阐述了我们在生活中可能遇到的一些小问题及解决方法。

全书主要包括健康饮食、日常保健、穿衣护肤、运动休闲等方面的内容，每个方面都贴近日常生活，而且都是生活中人们关注的事项。

希望大家通过阅读本书可以养成一种更积极、更健康、更安全、更时尚的生活方式，并增强对健康生活的热爱和向往，同时提高大家的生活质量。

当然，鉴于编者的知识水平和经验有限，本书中难免会存在不足之处，敬请广大读者朋友批评指正！

# 目录

**健康饮食篇**

什么叫平衡膳食？ ……………………… 2
平衡膳食应包括哪些食物？ …………… 3
什么是酸性食物和碱性食物？ ………… 4
可以经常吃的食物有哪些？ …………… 5
不宜多吃的食物有哪些？ ……………… 6
不能食用的动物器官有哪些？ ………… 7
能增强记忆力的食物有哪些？ ………… 9
能促进睡眠的食物有哪些？ …………… 10
能增强免疫力的食物有哪些？ ………… 11
富含维生素 A 的食物有哪些？ ………… 13
富含维生素 B 的食物有哪些？ ………… 14
富含维生素 C 的食物有哪些？ ………… 14
富含维生素 D 的食物有哪些？ ………… 15
富含维生素 E、β-胡萝卜素的食物有哪些？
……………………………………… 16
富含铁的食物有哪些？ ………………… 17
富含钙的食物有哪些？ ………………… 17
为什么吃饭不宜太快？ ………………… 18
为什么不能用矮桌或蹲着进餐？ ……… 19
为什么要吃粗粮？ ……………………… 20
为什么要重视吃早餐？ ………………… 20

# 目录

午餐怎么搭配才算科学? ……………… 21
晚餐为什么要早吃? …………………… 22
如何健康地吃火锅? …………………… 23
吃饭为什么不能偏侧咀嚼? …………… 24
如何喝水才科学? ……………………… 24
吃零食有哪些危害? …………………… 25
垃圾食品有哪些? ……………………… 26
怎么吃才能健康地减肥瘦身? ………… 27
吃什么可以预防"少白头"? ………… 28
吃什么可以预防痤疮? ………………… 29

## 日常保健篇

早睡早起有什么好处? ………………… 32
哪些生活习惯会损坏大脑? …………… 32
损害身体健康的习惯有哪些? ………… 34
如何保护好自己的眼睛? ……………… 35
如何保护好自己的牙齿? ……………… 36
经常洗头发有哪些好处? ……………… 37
生气对身体有哪些危害? ……………… 38
唱歌的好处有哪些? …………………… 39
怎样预防"空调病"? ………………… 40
洗脚有哪些好处? ……………………… 42
活动手指有什么好处? ………………… 43

# 目录

伸懒腰有什么好处？ …………………… 43
打哈欠的原因和好处是什么？ ………… 44
经常梳头有什么好处？ ………………… 45
为什么不能坐着午睡？ ………………… 47
怎么喝咖啡才是正确的？ ……………… 48
怎样才能睡好觉？ ……………………… 49
你的睡觉方式正确吗？ ………………… 50
如何正确洗澡？ ………………………… 51
青春期少女怎样对乳房进行保健？ …… 52
青春期少女的私处如何保健？ ………… 53
如何做好经期卫生保健？ ……………… 54
脸上长青春痘怎么办？ ………………… 55
变声期如何保护好嗓子？ ……………… 57
青少年有网瘾怎么办？ ………………… 58
吸烟有哪些危害？ ……………………… 60
饮酒有哪些危害？ ……………………… 60
每个人都适合戴隐形眼镜吗？ ………… 61
青少年为什么易患神经衰弱？ ………… 62
为什么青少年会白头？ ………………… 64
为什么忌用再生塑料制品盛放食品？ … 65
在公共场所应该注意哪些卫生问题？ … 66
怎样预防拉肚子？ ……………………… 67
如何防治冻疮？ ………………………… 68

# 目录

怎么防治口腔溃疡? …………………… 68
抗生素能预防疾病吗? …………………… 69
怎样预防中暑? …………………… 71
春季应该注意些什么? …………………… 71
夏季应该注意些什么? …………………… 72
秋季应该注意些什么? …………………… 73
冬季应该注意些什么? …………………… 74
如何预防颈椎病? …………………… 74
如何有效预防沙眼? …………………… 76
食物中毒的原因及类型有哪些? …………………… 76
如何分辨和判断食物中毒? …………………… 79
食物中毒应该怎样做紧急处理和预防呢?
…………………… 80
患上咳嗽应如何自我救护? …………………… 82
怎样正确处理伤口? …………………… 84
应如何正确处理昆虫蜇伤? …………………… 86

## 穿衣护肤篇

冬季穿衣是越厚越好吗? …………………… 89
保暖内衣可以贴身穿吗? …………………… 89
冬季戴帽子有什么好处? …………………… 90
青春期少女可以束胸吗? …………………… 91
青春期少女可以束腰吗? …………………… 92

# 目录

真丝服装有益于人体吗? ………… 94
新衣服对皮肤有哪些刺激? ……… 94
常穿紧身裤有哪些危害? ………… 95
穿羊毛织品可导致皮炎吗? ……… 96
如何正确清洁面部? ……………… 97
干性皮肤如何护理? ……………… 98
油性皮肤如何护理? ……………… 99
混合性皮肤如何护理? …………… 100
如何让皮肤白起来? ……………… 101
如何有效祛痘印? ………………… 103
如何正确给肌肤补水? …………… 105
常见的防晒误区有哪些? ………… 106
毛孔粗大怎么办? ………………… 108
如何保养眼部肌肤? ……………… 109
如何预防黑眼圈? ………………… 111

## 运动休闲篇

什么是蹦极? ……………………… 113
运动"过火"有哪些危害? ……… 115
音乐有什么好处呢? ……………… 116
游泳的益处有哪些? ……………… 117
游泳有哪些禁忌? ………………… 119
步行的好处有哪些? ……………… 121

# 目录

放风筝有哪些好处？ …………… 122
垂钓的好处有哪些？ …………… 124
练太极拳的好处有哪些？ ……… 126
爬山的益处有哪些？ …………… 127
骑自行车的益处有哪些？ ……… 128
跑步的益处和注意事项有哪些？ … 129
滑冰运动的好处有哪些？ ……… 131
打保龄球的好处有哪些？ ……… 132
运动中的饮食方法是什么？ …… 133
体力劳动为何不能代替体育运动？ … 135
哪些健身运动适合青少年？ …… 136
怎样避免在运动中受伤？ ……… 138
怎样健康上网？ ………………… 139
五种假期休闲方式指的是什么？ … 140
常用的读书方法有哪几种？ …… 142
看书有哪"四不宜"？ ………… 143
如何欣赏书法？ ………………… 144
绘画有哪些种类？ ……………… 146
到电影院看电影时需要注意什么？ … 147
听音乐会时需要注意哪些事项？ … 148
出去旅游需要注意些什么？ …… 149

JIANKANG
YINSHI PIAN

## 健康饮食篇

## 什么叫平衡膳食？

平衡膳食是指选择多种食物，经过合理搭配做出的膳食。这种膳食能满足人们对能量及各种营养素的需求，因而叫平衡膳食。

我们将食物分为2类：动物性食物，包括肉、蛋、奶等；植物性食物，包括谷类、薯类、豆类、藻类等。

不同种类的食物营养素也不同：鱼肉、蛋、大豆等富含优质蛋白质，西兰花、猕猴桃、柚子等富含维生素，大米、燕麦、红薯等富含碳水化合物，食用油富含脂肪……

营养素之间既相互配合又相互制约。比如：维生素C能促进铁的吸收；脂肪能促进脂溶性维生素A、D、E、K的吸收；微量元素铜能促进铁在体内的运输和储存；碳水化合物和脂肪能保护蛋白质，减少其消耗；磷酸和草酸会影响钙、铁的吸收。所以，只有吃结构合理的混合膳食，才能满足人体对营养的摄取。

平衡膳食应满足下列条件：

1. 一日膳食中各种营养素应品种齐全，具体包括供能营养素和非供能营养素。供能营养素主要是蛋白质、脂肪及碳水化合物等，非供能营养素主要是维生素、矿物质、膳食纤维等。

2. 膳食中的各种营养素应满足人体所需，不能过多，也不能过少。

3. 营养素之间的比例应恰当。如蛋白质、脂肪、碳水化合物供热比例为1:2.5:4，优质蛋白质应占蛋白质总量的1/2~2/3，动物性蛋白质占1/3。三餐的供热比例：早餐占30%左右，中餐占40%左右，晚餐占25%左右，午后点心占5%~10%。

4. 食用容易被消化吸收的食物。

总之，要做到平衡膳食，就得从每天饮食的合理搭配开始。人体必需营养素有40余种，缺一不可。没有一种天然食物能满足人体所需的全部营养素，因此膳食必须由多种食物组成。

## 平衡膳食应包括哪些食物？

《黄帝内经·素问》中提出"五谷为养，五果为助，五畜为益，五菜为充"的配膳原则，体现了食物的多样化和平衡膳食的要求。那么，平衡膳食应包括哪些食物呢？

首先说一下平衡膳食要满足的基本要求：

1. 碳水化合物、脂肪、蛋白质三者的比例应恰当，具体比值上文已提到。

2. 能供给足够的热能。

3. 能供给各种无机盐和维生素。

这就要求膳食中有足够的种类，如豆类、蔬菜类、水果类、肉类、乳类、蛋类、鱼虾类及植物油。

对于一般人来说，可按粮食占膳食总重量的41%，肉、蛋、奶、豆制品占16%，蔬菜水果占41%，油脂占2%来安排膳食。粮食类食品每日需要500～600克，除米、面外，做饭时加点绿豆、红豆等干豆，能补充粮食中所缺的赖氨酸。肉、蛋、奶和豆制品等蛋白质食品可根据经济状况安排进膳食，条件好的可以多吃点动物性食品，条件差的可以多吃点豆类食品。一般每日摄入50～100克瘦肉、1个鸡蛋和50克豆类食品，这样能比较好地满足机体对蛋白质的需求。至于蔬菜、水果类食品，每天至少要吃500克，品种尽量多些。每天摄入油脂量建议在25～30克，植物油是比较理想的选择。

## 什么是酸性食物和碱性食物？

市面上有许多好吃的东西，几乎都是酸性的，如鱼、牛肉、砂糖等；相反，海带、白萝卜及豆腐等都属于碱性食物，这些食物多半不易引起人的食欲，但却对身体有益。好多人误以为，酸的东西就属于酸性食物，如一见就会令人流口水的柠檬，其实不然，这些东西正是典型的碱性食物。

我们可以参考食物中的钙、磷、硫等的含量来判断食物属于碱性还是酸性，一般含钾、钠、钙等较多的是碱性食物，含氯、硫、磷等较多的是酸性食物。所以，我们应该多注意平日里所吃的东西，看看是否有酸性过度的倾向。

从营养的角度看，酸性食物和碱性食物的合理搭配是身体健康的保障。

强酸性食物：蛋黄、乳酪、甜点、白糖、金枪鱼、比目鱼等。

中酸性食物：火腿、鸡肉、猪肉、鳗鱼、牛肉、面包、小麦等。

弱酸性食物：白米、花生、啤酒、海苔、章鱼、巧克力、空心粉、葱等。

强碱性食物：葡萄、茶叶、葡萄酒、海带、柑橘、柿子、黄瓜、胡萝卜等。

中碱性食物：大豆、番茄、香蕉、草莓、蛋白、梅干、柠檬、菠菜等。

弱碱性食物：红豆、苹果、甘蓝菜、豆腐、卷心菜、油菜、梨、马铃薯等。

食物的酸碱性取决于食物中矿物质的种类和含量，钾、钠、钙、镁、铁进入人体后呈现的是碱性反应，磷、氯、硫进入人体后则呈现酸性反应。

因此，青少年在日常饮食中，不要只吃那些比较可口的酸性食物。一些碱性食物虽然不容易引起食欲，但它们对身体非常有益，建议多吃。

## 可以经常吃的食物有哪些？

"民以食为天"，食物是人们赖以生存的物质基础。随着时代的进步和科学技术的发展，人们的物质生活水平也在不断提高，各式各样的美食店骤然诞生。这既满足了人们的胃口，又分享了全国各地的饮食文化。可是，有些诱人的食物是不宜多吃的，在前文中我们已经提到过。下面给大家推介几种日常生活中可以经常吃的食物。

1. 蜂蜜

每天早晨空腹喝加了适量蜂蜜的温开水，可以补充水分，促进肠道蠕动，改善便秘的状况。所以，大家一定要记得坚持饮用。

2. 生姜

每天吃早饭时以适量生姜佐餐，能促进血液循环，帮助消化。

3. 花生

花生含有人体所需的多种氨基酸，经常食用能在一定程度上增强记忆力，延缓衰老。

4. 大枣

大枣素有"天然维生素丸"之称。它含有蛋白质、脂肪、糖类、维生素、矿物质等，历来是益气、养血、安神的保健佳品，对治疗高血压、心血管疾病、失眠、贫血等都有一定的作用。其实，大枣不仅是养生保健的佳品，更是护肤美颜的佳品。另外，大枣还具有抗过敏的作用，对于治疗过敏性紫癜有一定的辅助作用。大枣的功效很多，在此就不一一介绍了。

5. 大蒜

生吃大蒜可能嘴里会有味道，可大蒜有很强的杀菌、抗菌作用。因此，人们把它誉为"地里生长的青霉素"和"天然抗生素"。

总之，多关注健康，多注意身边的一些饮食细节，再加上每天的坚持，健康的阳光就会永远照耀着我们。

## 不宜多吃的食物有哪些？

常言道："民以食为天。"食物是人类生存的基础，但只有合理科学的膳食，才能促进健康；反之，则会给身体造成极大的伤害。因此，营养专家告诫广大读者，以下食物不宜多吃。

1. 松花蛋

用传统工艺制作的松花蛋含铅量较高，多食可引起铅中毒，还会造成人体缺钙。

2. 臭豆腐

臭豆腐在发酵过程中极易被微生物污染，同时含有大量挥发性盐基氮及硫化氢等，这些都是蛋白质分解的腐败物质，多食对人体有害。

3. 味精

过多摄入味精可引起短时头痛及恶心等症状，而且也会给人的肝脏带来不良影响。

4. 方便面

方便面中含有对人体不利的食品添加剂，而且油脂含量较高，常吃方便面对身体非常不利。

5. 葵花籽

尽管葵花籽中富含不饱和脂肪酸，但是葵花籽同时也含有丰富的油脂，过多食用会增加肥胖的风险。

6. 菠菜

菠菜虽然营养丰富，但它含有草酸，食物中的锌和钙会与草酸结合而排出体外，从而引起人体锌与钙的流失。

7. 猪肝

猪肝的胆固醇含量高，一个人的胆固醇摄入量太多会加重心血管疾病。

8. 烤牛肉和烤羊肉

牛肉、羊肉在熏烤过程中，表面会附有如苯并芘这样的有害物质，这种物质容易诱发癌症。

9. 油条

炸油条的油通常是反复使用的，而反复炸油条的油里会产生如丙烯酰胺的致癌物质，因此常吃油条会对我们的身体产生不良影响。

以上这些常见的食物，建议大家最好少吃。为了健康，请多了解一些对身体有益的小常识。

## 不能食用的动物器官有哪些？

有人认为动物全身都是宝，其实不然。动物身上的某些器官若被误食，就会影响健康，甚至使人患上疾病。在加工或烹制时，人们对于下列动物器官应当重视。

1. 导致某些疾病复发的鲤鱼筋

鲤鱼脊背两侧各有一条白筋，它是造成鲤鱼特殊腥味的物质，而且它还属于发物，不适于一些病人食用，因此，在烹制前应将它抽出来。

2. 储藏病毒的"仓库"——鸡、鸭的尾脂腺

鸡、鸭的尾脂腺能分泌油脂，帮助鸡、鸭美化羽毛。但是尾脂

腺容易受病毒、细菌的感染，而且其味极臭，影响口感，因此，在烹调时应将尾脂腺切除。

3. 残留病菌的鸡、鸭肺

鸡、鸭的肺是呼吸器官，它能吸入微小灰尘颗粒和各种致病细菌，因此，烹调时，注意将肺去除。

4. 易引发中毒的牲畜甲状腺

牲畜甲状腺位于胸腔入口处的正前方，与气管的腹侧面相连，是成对器官。其所含成分主要是甲状腺素和三碘甲状腺原氨酸，烹调时一般不易被破坏，食后易引起中毒。

5. 能扰乱人体代谢的肾上腺

肾上腺俗称"小腰子"，呈褐色。同甲状腺一样，人误食后，可能会扰乱代谢功能，使人出现恶心呕吐等症状。

6. 微生物聚积处——淋巴结

淋巴结多长在家畜腹股沟、肩胛前和腰下等处，呈圆形，俗称"花子肉"，是动物体内的防御器官，也是微生物的聚积处，必须除掉。

7. 病变组织——羊悬筋

羊悬筋又名"蹄白珠"，是羊蹄内的一种病变组织，一般为圆球形、串粒状，必须摘除。

8. 兔臭腺

兔体的"臭腺"：白色鼠蹊腺，位于生殖器官两侧皮下，该腺分泌物为黄色，奇臭；褐色鼠蹊腺，紧挨着白色鼠蹊腺；直肠腺，位于直肠末端两侧壁上，呈长链状。其味极臭，必须摘除，否则与肉同煮时，就会产生异味，无法入口。

9. 苦而有毒的各类鱼胆

各类鱼胆有毒性，洗鱼时，必须摘掉。万一鱼胆破裂，污染鱼肉，必须用黄酒、小苏打涂抹在被污染的鱼肉表面，然后再用清水反复漂洗，才可进行烹调。

以上介绍的动物器官在加工和烹制时一定要多加注意，切勿疏忽大意，否则会对我们的健康不利。

## 能增强记忆力的食物有哪些？

能增强记忆力的食物其实很多，而且都比较廉价，像鸡蛋、黄豆、瘦肉、牛奶、鱼、动物内脏（心、脑、肝、肾）及胡萝卜等。这些食物对青少年记忆力的增强有着积极作用。下面我们将详细介绍几种食物。

1. 鸡蛋

鸡蛋被营养学家称为"完全蛋白质模式"，人体吸收率在98%以上。孩子如果从小就吃鸡蛋，对记忆力的发展非常有益。鸡蛋的卵磷脂主要来自蛋黄，可增强大脑活力。

2. 鱼类

鱼类可以向大脑提供优质蛋白质和钙。淡水鱼所含的脂肪酸多为不饱和脂肪酸，能保护脑血管，对大脑细胞活动有促进作用。

3. 苹果

苹果含有丰富的锌，可增强记忆力，促进思维活跃。

4. 胡萝卜

胡萝卜具有加快大脑新陈代谢的作用，因而能提高记忆力。

5. 菠萝

菠萝含有丰富的维生素C和微量元素锰，而且热量少，常吃有提神、提高记忆力的作用。

6. 黄豆

黄豆含有丰富的卵磷脂，能在人体内释放乙酰胆碱，是脑神经细胞间传递信息的桥梁，对增强记忆力大有好处。

以上食物都是生活中很常见的食物，每天适当地从中选择一些来吃，有助于增强记忆力。

## 能促进睡眠的食物有哪些？

良好的睡眠质量能给第二天的工作和学习带来最佳状态，下面推介几种能够促进睡眠的常见食物。

1. 香蕉

香蕉除了含有色氨酸外，还含有镁元素，可达到让肌肉放松的效果。

2. 菊花茶

菊花茶具有适度的镇静效果，可以放松神经，起到助眠的作用。

3. 温牛奶

温牛奶含有一些色氨酸和钙，色氨酸具有镇静作用，而钙又有利于大脑充分利用色氨酸。

4. 土豆

土豆能清除掉对可诱发睡眠的色氨酸起干扰作用的酸。可以将烤土豆捣碎后掺入温牛奶中食用。

5. 燕麦片

燕麦片在一定程度上有促进睡眠的效果。不仅如此，燕麦片还有促进排便的功效。

6. 杏仁

杏仁既含有适量的肌肉松弛剂——镁，又含有色氨酸。

7. 亚麻籽

向燕麦粥中撒入适量的亚麻籽，能起到一定的助眠作用。但不可过量食用，以免引起肠道不适。

8. 全麦面包

吃一块全麦面包，不仅能有效缓解睡前的饥饿感，而且有助于色氨酸对大脑产生积极影响，促进睡眠。

9. 火鸡肉

火鸡肉含有丰富的色氨酸，如果在全麦面包上放一两片火鸡肉，更有助于睡眠。

10. 小米

《本草纲目》记载，小米"治反胃热痢，煮粥食，益丹田，补虚损，开肠胃"。若睡前半小时适量进食小米粥，有一定的助眠效果。

## 能增强免疫力的食物有哪些？

平常人们都会选择勤洗手、保持足够的睡眠、多吃水果和蔬菜来抵抗疾病，增强免疫力。下面将介绍一些能增强免疫力的食物。

1. 酸奶

酸奶中含有益生菌，益生菌能保护肠道，避免致病细菌的产生。另外，有些酸奶中含有的乳酸菌，可以促进血液中白血球的生长。

2. 红薯

红薯能增强皮肤抵抗力。皮肤也是人体免疫系统的一员，是人体抵抗细菌、病毒等外界侵害的第一道屏障。

3. 茶

茶具有抗细菌、防流感的功效。哈佛大学的免疫学者用红茶做实验后发现，连续2周每天喝5杯红茶的人，其体内会产生大量的抗病毒干扰素，其含量是不喝茶的人的10倍，可以帮助人体抵御流感。

4. 鸡汤

鸡汤被称为"美味的感冒药",有助于提高机体免疫力。建议炖鸡汤时再加些洋葱和大蒜,这样效果会更佳。

5. 牛肉

牛肉是人体补锌的重要来源。锌对人体非常重要,它可以促进白血球的生长,进而帮助人体防范病毒、细菌等有害物质的侵袭。即使是轻微缺锌,也会增加患传染病的风险。所以在冬季,适当吃一些牛肉,既耐寒又能预防流感。

6. 蘑菇

不少人把蘑菇当作提高免疫力的食物。据研究人员证实,吃蘑菇可以促进白血球的产生和活动,让其更具防御性。

7. 水产品

据专家研究证实,补充足够的硒可以增加免疫球蛋白的数量,进而帮助清理体内的流感病毒。含硒的食物主要有牡蛎、龙虾、螃蟹和蛤蜊等海鲜类食品,这些食物都有助于提高人体免疫力。

8. 大蒜

大蒜素具有抗菌作用。研究表明,食用大蒜可让患感冒的概率降低。因此,建议每天生吃两瓣蒜,并在烹饪菜肴时加入适量大蒜。

9. 燕麦和大麦

燕麦和大麦都含有β-葡聚糖,这种纤维素有抗菌和抗氧化的作用。食用燕麦和大麦,可以增强免疫力,加速伤口愈合,还能帮助抗生素发挥更佳的效果。

为了增强免疫力,除了吃一些有用的食物外,建议大家多注意锻炼身体,这样体质才会达到最佳状态。

## 富含维生素 A 的食物有哪些？

维生素 A 又称"视黄醇"，它包括两种：维生素 $A_1$ 和维生素 $A_2$。维生素 A 是保持身体内部和外部皮肤健康所必需的营养物质，可以防止感染；它也是一种抗氧化剂，可以增强免疫系统功能。如果人体缺乏维生素 A，容易导致视力减退，甚至引发夜盲症，所以青少年应该多加注意。下面给大家介绍维生素 A 的两大食物来源。

一是植物性食物，如绿叶菜类、黄色菜类以及水果类，具体的有菠菜、苜蓿、豌豆苗、红心甜薯、胡萝卜、青椒、南瓜等，多吃有利于补充维生素 A。二是动物性食物。这一类食物中的维生素 A 是能够直接被人体所利用的，主要存在于动物的肝脏、奶及禽蛋中。

虽然这些食物能补充维生素 A，但也得讲究正确的吃法。举一个常见的例子，像我们常吃的胡萝卜，正确的吃法就是用油炒，这样才能将胡萝卜素转换为维生素 A。

常吃含有维生素 A 的食物，一方面能促进生长发育，保护视力；另一方面可增强抗病的能力。缺乏维生素 A 可导致儿童生长迟滞、发育不良等症状，但提醒大家切不可摄入过多，以免造成慢性中毒。成人连续几个月每天摄取 50000 国际单位（15 毫克胡萝卜素含 25000 国际单位维生素 A）以上会引起中毒现象。幼儿如果在一天内摄入超过 18500 国际单位也会引起中毒现象。所以提醒大家，一定要适量摄取维生素 A，最好是从食物中获取身体每天所需的维生素 A。

## 富含维生素 B 的食物有哪些？

维生素 B 是 B 族维生素的总称，主要包括维生素 $B_1$、维生素 $B_2$、维生素 $B_3$、维生素 $B_5$、维生素 $B_6$、维生素 $B_{11}$、维生素 $B_{12}$、维生素 $B_{13}$ 等。这些 B 族维生素可以调节新陈代谢，维持皮肤和肌肉的健康，增进免疫系统和神经系统的功能等。维生素 B 广泛存在于水果、蔬菜、谷物、豆类、动物肝脏中。

如果人体缺少维生素 B，细胞功能则会马上降低，从而引起代谢障碍，这时人体会出现息滞和食欲不振等症状。建议有食欲不振、胃肠疾病、头发干枯、记忆力减退等症状或经常喝酒、抽烟的人多补充维生素 B，多吃一些上面介绍过的富含维生素 B 的食物。

## 富含维生素 C 的食物有哪些？

维生素 C 有增强免疫力、减少心脏病和中风、加速伤口愈合、缓解气喘、预防感冒、延缓衰老的奇效。含维生素 C 的食物有很多，尤其是水果，含量很高，下面就给大家介绍一些富含维生素 C 的食物。

1. 水果

鲜枣、猕猴桃、山楂、柚子、草莓、柑橘等水果都含有丰富的维生素 C，而平常吃的苹果、梨、桃、杏、香蕉、葡萄等水果所含的维生素 C 与上面的水果相比就比较低。有资料表明，以 100 克水果的维生素 C 的含量来计算，猕猴桃含 420 毫克，鲜枣含 380 毫克，草莓含 80 毫克，橙子含 49 毫克，橘子、柿子各含 30 毫克。香蕉、桃各含 10 毫克，葡萄、苹果各自只有 5 毫克，梨仅含 4 毫克。

由此可以看出，不是所有的水果都含有丰富的维生素 C，有的水果所含的维生素 C 是很少的。

2. 蔬菜

青椒、番茄、菜花、小白菜、西兰花等蔬菜所含的维生素 C 比较丰富。如果缺乏维生素 C，建议大家平时要尽量多吃一些这方面的蔬菜。

影响水果中维生素 C 含量的因素：

1. 为了预防虫害及日晒，某些水果在生长过程中常用纸袋包裹起来，结果造成维生素 C 含量减少。

2. 夏季水果丰收，储藏于冷库中，在冬天出售时，水果的维生素 C 含量也会减少。

3. 许多人喜欢一次性买大量水果放入冰箱，其实水果存放的时间越长，维生素 C 流失得就越多。

值得一提的是，尽管有些人吃了许多富含维生素 C 的水果，但却因为有嗜烟的恶习而阻碍了身体对维生素 C 的吸收，从而导致维生素 C 的缺乏；从事激烈运动或重体力劳动的人，由于流汗也会流失大量的维生素 C；还有一些疾病和药物也会影响维生素 C 的吸收。所以，提醒大家，水果和蔬菜不能作为人体维生素 C 的唯一来源，必要时可遵医嘱服用少许维生素 C 药片。

## 富含维生素 D 的食物有哪些？

维生素 D 的主要功能是调节体内钙、磷代谢，维持血钙和血磷的正常水平，从而维持牙齿和骨骼的正常生长和发育。儿童缺乏维生素 D，容易出现佝偻病、手足搐搦症、骨软化病、骨质疏松等。据调查发现，中国少儿佝偻病发病率较高，是因为日照不足、维生素 D 摄入不足等。所以，大家很有必要了解一下我们日常生活中能够补充维生素 D 的食物。

维生素 D 主要来源于动物性食物，植物性食物几乎不含有维生素 D。鱼肝油、乳酪、蛋黄等含有丰富的维生素 D。值得一提的是，维生素 D 的来源与其他营养素的来源略有不同，除了食物来源之外，还可来源于自身的合成制造，但这需要多晒太阳，接受更多的紫外线照射。所以，除了食物外，经常晒太阳，保证足够的紫外线照射，也可以预防维生素 D 的缺乏。但是要记住，晒太阳最好在早上 10 点之前或下午 3 点之后，因为中午有害光线比较多。

然而，维生素 D 不可过量补充。如果过量补充，会使体内维生素 D 蓄积过多，容易出现食欲下降、恶心和消瘦等症状。

## 富含维生素 E、β-胡萝卜素的食物有哪些？

维生素 E 和维生素 C 一样，都可以在一定程度上预防皮肤病和不良生活习惯引起的慢性疾病，如高血压等。如果把维生素 E、β-胡萝卜素与维生素 C 搭配，起到的效果会更佳。下面就看看日常生活中哪些食物富含维生素 E 和 β-胡萝卜素。

富含维生素 E 的食物：卷心菜、菠菜、甘薯、山药、茄子、葵花籽、猕猴桃、坚果（包括杏仁、榛子和核桃）、瘦肉、乳类、蛋类，用芝麻、玉米、橄榄、花生、山茶等压榨出的植物油。

缺乏维生素 E 的症状表现为肌肉萎缩、贫血症、生殖机能障碍等。此外，维生素 E 的缺乏对人体的免疫功能也有影响。

富含 β-胡萝卜素的食物：油菜、荠菜、苋菜、胡萝卜、花椰菜、甘薯、南瓜、黄玉米等。

如果缺乏 β-胡萝卜素，可引起夜盲症、黏膜干燥、干眼症等症状。所以，用眼过度的人在日常生活中要多吃一些富含 β-胡萝卜素的食物。以下人群需要补充 β-胡萝卜素：长期操作电脑者、呼吸系统受感染者、视力功能下降者、皮肤干燥和粗糙者。

## 富含铁的食物有哪些？

铁是人体所需最多的微量元素，一般对于一个成年人来说，全身含铁量为4~5克，其中大多数是以血红蛋白的形式存在于红细胞中。铁是血红蛋白的重要组成部分，如果铁供给不足，血红蛋白的合成就会受到影响，使人容易患上贫血病。在医学上，营养性缺铁性贫血是儿童的一种常见病症。铁是预防贫血的无机物，相较于男孩，女孩更容易缺乏。常食以下几种食物可以在一定程度上预防贫血。

1. 动物性食物，如肝脏、血和瘦肉等。
2. 植物性食物，如桃、红枣、葡萄、黑木耳、桂圆、菠菜、芹菜等。

缺铁除了会导致贫血外，还会影响儿童的智力发育，使其易激动、淡漠，对周围事物缺乏兴趣。此外，青少年注意力不集中、学习能力减弱、记忆力衰退也与缺铁有一定的关系。还有研究表明，缺铁的幼儿铅中毒的发生率比不缺铁的幼儿高几倍。

食物是补充铁元素的最佳选择之一。如果缺铁，除了在医生的指导下服用药物外，也可以常吃一些上面提到的食物。

## 富含钙的食物有哪些？

钙在人体内非常重要，它是构成骨骼和牙齿的重要成分，而且对保持肌肉和神经系统的兴奋性也特别重要。钙可以维持心跳节律、参与凝血过程。它还是细胞内的第二信使，能参与信号传导，人体内许多酶的活性都离不开钙。儿童容易患佝偻病，这是儿童体内维生素 D 缺乏引起的一系列钙、磷代谢紊乱的表现。现特向大家推介几种日常食物，有助于补充钙质。

通常富含钙的食物有奶及奶制品、鸡蛋、豆制品、海带、紫菜、虾皮、芝麻、海鱼等。特别是牛奶，每 100 克鲜牛奶中含钙 120 毫克。如果每人每天喝牛奶 500 克，便能提供钙 600 毫克，再加上膳食中其他食物提供的 300 毫克左右的钙，便能基本满足人体对钙的需求。但在食用这些含钙丰富的食物时，应避免食用过多含磷酸盐、草酸等的食物，以免影响钙的吸收。

缺钙对于青少年来说，容易出现腿软、抽筋、疲倦乏力、烦躁、注意力不集中、偏食、厌食、牙齿发育不良等现象。

在日常生活中，经常喜欢抽烟、喝酒、喝可乐、吃太多盐的人，都可能会有缺钙的症状。科学补钙，方能永远健康。如果身体不是特别缺钙，建议大家尽量通过改善饮食结构，达到从天然食品中获取足量钙的目的。

## 为什么吃饭不宜太快？

在日常生活中，有相当一部分人在用餐时，总是狼吞虎咽，快吃、快喝好像已经成了他们的饮食习惯。专家强调，这种饮食习惯对健康不利，进食速度过快容易造成消化系统损伤，并可能增加患癌的概率。其原因如下：

1. 如果是吃粗硬的食物，未充分咀嚼的话，容易刮去上消化道黏膜表面所覆盖的黏液，并造成上消化道黏膜的机械性损伤。而上消化道黏膜及其表面的黏液是器官的保护层，如果保护层遭到破坏，食物中所含的各种致癌物质很容易侵害消化道，从而引发癌变。

2. 如果是烫食下肚，比如说，让滚烫的汤、粥、羹、茶等下肚，由于食物温度过高，会灼伤食道黏膜并使之坏死，长期下去，可使该部位癌变。据调查，喜欢吃烫食的人易患食管癌。

3. 如果进食过快，就不能充分发挥唾液的抗癌作用。由于各种各样的食品添加剂以及食物的保存不当、烹调不当等原因，我们吃到的食物可能含有种种致癌物质。如果我们进餐时能做到细嚼慢咽，口腔内的唾液腺就会分泌大量的唾液与食物充分搅拌，而唾液就像是门卫，可以拒致癌物质于门外。相关人员曾做过一个实验，在咀嚼时分泌的唾液中加入强致癌物——亚硝基化合物、黄曲霉素等，他们发现唾液对这些有毒物质具有显著的解毒作用，起到了"防癌于未然"的作用。可以看出，唾液是人体特有的抗癌剂。

4. 进食过快，易造成进食过量，增加肠胃消化负担，也会增加患癌概率。

为了身体健康，大家应当合理安排膳食，改变一些不良的饮食习惯，做到细嚼慢咽。

## 为什么不能用矮桌或蹲着进餐？

好多人对于用餐的一些细节不太注意，有时会蹲着吃饭，有时会随便把饭菜放在一张比较矮的桌子上吃。但是，无论是蹲着吃饭，还是矮桌进餐，都是不符合生理卫生要求的。具体原因如下：

1. 如果是蹲着或者用矮桌进食，腹部容易受挤压。这些饮食姿势容易使得胃肠不能够正常蠕动，从而影响消化吸收。

2. 腹主动脉受压，胃部毛细血管得不到足够的新鲜血液来补充，最终可导致消化功能减退。

吃东西时，不仅要吃健康的食物，而且还要注意进食姿势。为了吃进去的食物能够更好地被消化和吸收，大家切记不要蹲着或用矮桌进食。

## 为什么要吃粗粮？

粗粮是相对于我们平时吃的一些精米、白面等细粮而言的，主要包括谷类中的玉米、小米、紫米、高粱、燕麦、荞麦、麦麸以及各种干豆类，如黄豆、青豆、赤豆、绿豆等。一星期吃几次粗粮对身体是有益处的。下面介绍一下吃粗粮的好处。

1. 粗粮由于加工比较简单，所以容易保存下许多细粮中没有的营养成分。如粗粮所含的膳食纤维较多，并且富含 B 族维生素。

2. 很多粗粮还具有药用价值。比如：荞麦含有其他谷物所不具有的芦丁，可以辅助治疗高血压；玉米可以加速肠部蠕动，减小患大肠癌的概率，还可以在一定程度上预防高血脂、动脉硬化等。因此，建议患有肥胖症、高血脂、糖尿病、便秘的人多吃粗粮。

另外，值得注意的是，粗粮不能过量食用，吃多了会降低免疫力。粗粮中所含的纤维素较多，每天摄入纤维素超过 50 克，会使人的蛋白质补充受阻、脂肪利用率降低，对骨骼、心脏、血液等的功能造成损害，从而降低人体的免疫力，甚至影响到生殖能力。

## 为什么要重视吃早餐？

很多人认为早餐不重要，这是极其错误的。人体经过一夜睡眠后，急需补充食物，只有吃好早餐，才能保证有充沛的精力从事一天的学习和工作。早餐吃不好，上午就会感到饥肠辘辘、头昏脑涨、注意力不集中。更重要的是，早餐吃不好，午餐必然食量大增，容易吃得过饱，这样易造成胃和肠道负担过重。那么，每天的早餐应该如何安排呢？

一方面，量要充足，必须吃饱。有人认为早餐少吃一点就可以了,其实这种想法是不对的。早餐的热能应占一天热能的 30% 以上。另一方面,早餐应该是高蛋白食物,应该有足够的蛋或奶制品。但也不要只是牛奶、鸡蛋,这样热量容易不足。

下面列举几种早餐食谱供选择:

1. 馒头 100 克、鸡蛋 1 个、牛奶 1 杯、小菜适量。
2. 肉包子 100 克、玉米或小米粥 1 碗、小菜适量。
3. 面包或糕点 100 克、香肠 50 克、豆浆 1 碗、新鲜蔬菜适量。
4. 蛋炒饭 150 克、菜汤 1 碗。

有些学生食量比较大,可根据自身情况适当增加一些。早餐应经常调剂花样,不可多日一贯制。

青春期是长身体、长知识及性成熟的重要阶段,吃好早餐一方面可以保证有旺盛的精力学习,另一方面还可以促进身体的生长和发育。希望广大家长能创造条件,使孩子吃好早餐。

## 午餐怎么搭配才算科学?

俗话说:"中午饱,一天饱。"这说明午餐是一日中很重要的一餐。一般来说,午餐热量应占全天所需总热量的 40%。那么,如何搭配午餐才算科学呢?下面介绍几种科学搭配方法。

1. 主食应在 50~150 克,一般可在米饭、面食(馒头、面条、大饼、玉米面发糕等)中间任意选择。
2. 副食应在 240~360 克,以满足人体对无机盐和维生素的需要。副食的选择范围很广,如肉、蛋、奶、禽、豆制品、海产品、蔬菜等,但要按照科学配餐的原则挑选几种,搭配着食用。一般宜选择 50~100 克的肉、禽、蛋,50 克豆制品,再配上 200~250 克的蔬菜,也就是要吃一些耐饥饿又能产生高热量的炒菜,使得体内血糖继续维持在高水平，从而保证下午的工作和学习。

需要注意的一点是，中午要吃饱，不等于要暴食，一般吃到七八分饱就可以。若是活动量比较少的人，可选择简单一些的清烫茎类蔬菜、少许白豆腐、部分海产植物作为午餐配菜。

## 晚餐为什么要早吃？

一般家庭，晚餐都非常丰盛，这种做法违背了健康理念。在现实生活中，由于大多数家庭的晚餐准备时间充裕，所以也就吃得丰盛，其实这样对健康非常不利。晚餐既要少吃，又要早吃。

1. 由于人的排钙高峰期常在进餐后 4~5 小时，若晚餐吃得太晚，当排钙高峰期到来时，人已上床入睡，尿液便停留在输尿管、膀胱、尿道等处，不能及时排出体外，致使尿中钙不断增加，久而久之，容易逐渐扩大形成结石。所以，晚上 6 点左右进食晚餐较合适。而且晚餐一定要偏素，吃素可防癌。据研究资料表明，晚餐经常吃荤食的人比吃素食的人血脂要高 2~3 倍。晚餐最好以富含高质量碳水化合物的食物为主，而高蛋白、脂肪类食物要少吃。

2. 由于晚间一般无其他活动，若进食时间较晚，且吃得过多，就会引起胆固醇升高，刺激肝脏制造更多的低密度与极低密度脂蛋白，诱发动脉硬化。长期晚餐过饱，会反复刺激胰岛素大量分泌，往往造成胰岛素细胞提前衰竭，从而埋下糖尿病的祸根。

3. 晚餐吃得太晚，就容易多吃，吃得过饱可引起胃胀，对周围器官造成压迫。而且胃、肠、肝、胆、胰等器官在餐后会紧张地工作，传送信息给大脑，引起大脑活跃，并扩散到大脑皮层其他部位，诱发失眠。

关于晚餐的吃法，给大家提几点建议：

一般而言，晚上多数人血液循环较差，所以可以选些天然的热性食物来进行调理，像辣椒、咖喱、肉桂等皆可。寒性蔬菜（如黄瓜、菜瓜、冬瓜等）晚上食用量应少些。此外，晚餐尽量在晚上8点以前完成，若是8点以后，任何食物对我们都是不良的食物。若是重食的家庭，晚餐肉类最好只有一种，不可有多种肉类。晚餐后请勿再吃任何甜食，这是很容易伤肝的。还有一点是，晚餐与午餐相同，餐前半小时最好有蔬菜汁或是水果供应。

## 如何健康地吃火锅？

天气冷的时候，有很多人都喜欢吃火锅或者麻辣烫。可遗憾的是，现在很多人不会健康地吃火锅，不健康的吃法很容易伤及身体。那么，火锅该如何吃才算健康呢？下面给喜欢吃火锅的朋友提几点建议。

1. 选择卫生、健康的火锅店就餐，最好不要去那些回收锅底、掺泔水油的火锅店吃火锅。

2. 吃火锅时间不要太长，否则会使胃液、胆汁、胰液等消化液不停地分泌，腺体得不到正常休息，容易导致胃肠功能紊乱，从而发生腹痛、腹泻，严重的可患慢性胃肠炎、胰腺炎等疾病。

3. 火锅不能太烫，否则容易烫伤口腔和食道黏膜。如果被烫伤的黏膜遇到烟、酒或不干净的食物，容易导致疾病的发生。

4. 掌握好火候。食物煮久了会失去鲜味，破坏营养成分；煮的时间不够，又容易引起消化道疾病。

特别提醒有慢性疾病的人，在吃火锅时应注意：火锅中若有含大量油脂的鱼饺、虾饺、丸子，则应慎吃，因为这些食物对于患有糖尿病、高血压以及高血脂的病人不利。另外，在吃火锅的时候，一定要把肉类和蔬菜搭配好。

## 吃饭为什么不能偏侧咀嚼？

在医学上，偏侧咀嚼就是指人们长期使用一侧牙齿来咀嚼食物。

有些儿童一侧的乳磨牙会过早脱落，就容易导致偏侧咀嚼。有些成年人也会因一侧龋齿、磨牙脱落或其他原因，慢慢养成偏侧咀嚼的习惯。

长期偏侧咀嚼是有害的。因为长时间偏侧咀嚼，会使该侧牙列、颌骨和面部咀嚼肌肉发育丰满，而另一侧则发育较差，甚至消瘦塌陷，使得面部看起来一侧大一侧小，从而形成"歪脸"。此外，还会因下颌牙列向咀嚼方向移位，引起牙齿错位。"歪脸"和牙齿错位，都会改变面容和影响牙齿功能。

因此，进食时有偏侧咀嚼习惯的人，要尽快将此习惯改掉。

## 如何喝水才科学？

水是人类每天必不可少的物质。有实验证明，一个人只喝水不吃饭能存活几十天，但如果只吃饭不喝水，人就无法生存了，可见水对人体的健康十分重要。一个健康的成年人每天需 1500～2000 毫升水，因此，要保持健康就必须每天摄入充足的水分。同时，喝水必须讲究科学。那么，怎样喝水才算是科学的呢？

1. 不喝受污染的生水。人类 80% 的传染病与水污染有关。伤寒、霍乱、痢疾等疾病都可通过饮用受污染的水传播。受污染的水还容易引起寄生虫病的传播。因此，不要喝生水，要喝煮沸的开水。

2. 喝水要掌握适宜的硬度。水的硬度是指水中含有易形成难溶盐的金属离子（以钙、镁离子为主）的总量。如果水中所含钙盐、镁盐较多，则水的硬度大，反之则硬度小。水质过硬直接影响胃肠道的消化吸收功能，容易引发胃肠功能紊乱，导致消化不良和腹泻。处理硬水的方法之一是将水煮沸，煮沸后的水基本能达到适宜的硬度。

3. 喝水要有节制。夏季气温高，容易多汗口渴。但一次性喝水要适量，不要喝太多，即便是非常口渴也不能。这是因为水被吸收进入血液后，血容量会增加，大量的水一次性进入血液循环，就会加重肾脏负担。所以，喝水时要注意适当地多分几次喝。

4. 喝水要适时适量。清晨起床后喝一杯水，有疏通肠胃的功效，并能降低血液浓度，起到预防血栓形成的作用。

在此要特别提醒大家，剧烈运动或劳动出汗后也不要立即喝大量的水，应养成健康科学的饮水习惯。

## 吃零食有哪些危害？

大多数青少年都比较喜欢吃零食，比如一些膨化食品。这些食品固然好吃，可对身体没有一点好处，尤其是对正在发育成长期的青少年。下面给大家介绍一下两种零食给身体带来的危害。

1. 雪糕

雪糕中含有大量的糖分和脂肪，人吃了容易发胖。另外，过量地食用雪糕，会损伤胃黏膜，而经常性的冷刺激又可使胃黏膜血管收缩，胃液分泌减少，引起食欲下降和消化不良，时间久了还会让人得胃病。若大家一定要吃雪糕，可以选择一些乳果雪糕。乳果雪糕既不失雪糕般软滑，又改用脱脂牛奶，并加入了乳酸菌，热量比雪糕低，脂肪也少了许多。

2. 薯片

别小瞧薯片，它的"杀伤力"可是非常大的。由薯片的配料可以看出，其营养价值很低。薯片中含有大量的脂肪和能量，多吃不仅破坏食欲，还容易导致肥胖，它同时也是皮肤健美的大敌。其实，如果想吃酥脆的东西，不妨吃一些高纤维低脂的饼干。这些食品不但热量低，而且纤维有助于将体内的废物排出，减少人体对脂肪的摄入量。

其实，并非所有的零食都是垃圾食品。青少年爱吃零食不是不可以，但一定要吃一些营养价值高、对身体有益的食品，比如牛肉干、牛奶等。

## 垃圾食品有哪些？

垃圾食品是指仅仅提供一些热量而没有其他营养素的食品，或是提供的营养素超过人体需要并变成多余成分的食品。其实，人们在饮食上不断求精、求新、求洋的同时，垃圾食品也悄然来到人们身边。

十大垃圾食品包括：油炸类食品、腌制类食品、加工类肉食品（如肉干、肉松、香肠、火腿等）、奶油制品、碳酸饮料、方便类食品（主要指方便面和膨化食品）、罐头类食品（包括鱼肉类和水果类）、话梅蜜饯果脯类食品、冷冻甜品类食品（如冰淇淋、冰棒、雪糕等）、烧烤类食品。

油炸类食品和腌制类食品被排在榜首，是有一定原因的。油炸类食品容易导致心血管疾病，而且油炸食品含致癌物质。腌制类食品易导致高血压、溃疡，其中也含有致癌物。

虽然十大垃圾食品中的很多种类被广大青少年所偏爱，但为了身体健康，还是要提醒青少年不要经常吃以上食品。

## 怎么吃才能健康地减肥瘦身？

减肥的方法有很多，除了吃一些减肥药外，人们还会尽量减少饮食数量和增加锻炼来达到瘦身的目的，其主要原因是这样能减少并燃烧摄入的多余的卡路里。其实，生活中的一些良好的饮食习惯对减肥也有一定的帮助，只要大家长期坚持，就可以达到减肥的目的。下面为大家提供一些有关减肥瘦身的饮食建议。

就餐前应该做到：

1. 餐前喝少量的汤。喝少量的汤可使胃产生一定的饱胀感，从而减少饥饿感。

2. 餐前吃水果，特别是苹果。苹果的体积比较大，进食后就会有饱腹感，同时各种营养元素也相对较全，可以减少正餐的摄入量。

3. 餐前吃一块糖。这样会使血糖浓度迅速升高，人就不会感到特别饥饿，随之吃饭的速度和量就会下降，不易吃得过量。

4. 尽量做到三餐正常进食，不要经常在特别饥饿时才进食，因为这时绝大多数人会吃得过饱。

进餐中应该做到：

1. 进食时速度要放慢，尽量做到细嚼慢咽。据研究表明，大多数肥胖者进餐速度都很快，这样大脑还没来得及感受饱的信息便已经吃过量了。若放慢进餐速度，会让大脑比较准确地感受到饱的反馈信息。

2. 不应该边看电视、书或报边进食，这样容易导致进食过量。

3. 进餐时尽量减少甜饮料和酒类的摄入量，可以喝白开水、茶或含油脂较少的汤。

4. 外出就餐时，先吃热量比较低的菜，如蔬菜、海藻、蘑菇、豆腐等，再吃动物性食物，使热量的摄入符合由低到高的顺序，这样可以保证热量的摄入不过量。

5. 养成一边吃主食一边吃菜的习惯，不要等吃饱了菜再吃主食。

餐后应该做到：

1. 餐后绝不可再吃花生、瓜子和其他零食，像香蕉、苹果等含一定热量的水果也不能吃。甜的饮料也不能喝。

2. 晚餐后要立即刷牙，这样不仅对牙齿有很好的保护作用，而且可以防止餐后再吃零食。

3. 餐后不应该立刻坐下或躺下，半小时后应适当进行活动，帮助及时消耗食物中的热量。

了解了饭前、饭中和饭后的注意事项后，我们相信每天坚持这样的饮食规律，也能吃出苗条身材。

## 吃什么可以预防"少白头"？

现代医学认为，遗传因素、营养不良、内分泌障碍以及全身慢性消耗性疾病等，容易引发"少白头"。中医学则认为，"少白头"主要是由肝肾功能不足、气血亏损等所致。先天性的"少白头"多与遗传有关，不易治疗；而后天性的"少白头"，除了根据病因治疗外，还应加强营养。饮食中如果缺乏微量元素铜、钴、铁等，也容易导致"少白头"。

1. 微量元素与头发的颜色有着密切的关系。近年来，科学家研究发现，头发的色素颗粒中含有铜和铁的混合物，当黑色头发含镍量增多时，头发就会变成灰白色。为了防止头发过早变白，在饮食上应注意多摄入含铁和铜的食物。

含铁多的食物：动物肝脏、牛肉、黑木耳、海带、芝麻等。

含铜多的食物：动物肝脏、海产品、坚果类、豆类等。

2. 缺乏维生素 $B_1$、维生素 $B_2$、维生素 $B_6$ 也会造成"少白头"。因此，应多食含有这些维生素的食物，如谷类、豆类、干果类、动物内脏、奶类、蛋类和绿叶蔬菜等。

3. 还要注意多摄入富含酪氨酸的食物。黑色素是由酪氨酸酶氧化酪氨酸而形成的。也就是说，黑色素形成的基础是酪氨酸，酪氨酸缺乏会造成"少白头"。因此，应多摄入富含酪氨酸的食物，如金枪鱼、带鱼、牡蛎、牛肉等。

4. 经常吃一些有益于养发、乌发的食物，增加合成黑色素的原料。中医认为"发为血之余"，"肾主骨"，"其华在发"，主张多吃养血补肾的食品，以达到乌发、润发的目的。

目前，"少白头"的人越来越多，所以，提醒大家多吃一些能够预防"少白头"的食物。

## 吃什么可以预防痤疮？

痤疮是青春期常见的皮肤病，俗称"青春痘"。痤疮的生成与身体的发育有密切关系。一方面，在青春期，体内的性激素分泌较多，会促使皮脂腺功能异常，产生大量皮脂；另一方面，毛囊口的上皮角化过度，使毛囊口被角质堵塞，皮脂无法顺利排出，堆积在皮脂腺内。此外，痤疮患者的皮脂成分不正常，也会导致发病。再者，在皮脂腺毛囊寄生的痤疮丙酸杆菌，在厌氧条件下大量繁殖，分解皮脂，产生一种有刺激性的物质，即游离脂肪酸。它可以通过皮脂腺毛囊的微小裂隙外溢，导致周围皮肤组织发炎。事实上，并非每个青春期的人都会长痤疮，但我们要学会合理饮食，预防痤疮。

1. 少吃肥甘厚味的食物。因为这些食物容易使皮脂腺分泌异常，从而形成痤疮。这类食物有动物肥肉、鱼油、动物脑、蛋黄、芝麻、花生、糖以及含糖多的糕点等。

2. 少吃辛辣刺激性食物。因为这些食物常常会导致痤疮复发。这类食物包括酒、咖啡、辣椒、大蒜、韭菜、虾等。

3. 多吃富含维生素 A、维生素 B 和锌的食物。维生素 A 有益于上皮细胞的增生，能有效防止毛囊角化，调节皮肤汗腺功能，减少酸性代谢产物对表皮的侵蚀。富含维生素 A 的食物有胡萝卜、西兰花、小白菜、茴香菜、荠菜、菠菜、动物肝脏等。

维生素 $B_2$ 能促进细胞内的生物氧化过程，参与糖、蛋白质和脂肪的代谢。各种动物性食品中都含有丰富的维生素，如动物内脏、乳类、蛋类等。

维生素 $B_6$ 参与不饱和脂肪酸的代谢，对预防痤疮大有益处。富含维生素 $B_6$ 的食物有鱼肉、猪肝、大豆等。

富含锌的食物也有控制皮脂腺分泌，减轻细胞脱落和角化的作用，如牡蛎、海参、海鱼、鸡蛋、核桃、葵花籽、金针菇等。

4. 多吃清凉祛热食品。痤疮患者大多数有内热，应多选用具有清凉祛热、生津润燥作用的食品，如兔肉、鸭肉、蘑菇、木耳、芹菜、油菜、菠菜、苋菜、莴笋、苦瓜、黄瓜、丝瓜、冬瓜、番茄、绿豆芽、绿豆、豆腐、莲藕、西瓜、梨、山楂、苹果等。

RICHANG
BAOJIAN PIAN

# 日常保健篇

## 早睡早起有什么好处？

俗话说："早睡早起身体好。"但是，这种说法有科学根据吗？

研究人员对 440 名职员进行了研究。首先，研究人员向职员分发了早睡早起型调查表、"夜猫子"型生活方式调查表和自我判断精神抑郁度问答表。然后，研究人员分别评估了被研究对象上班、上学和回家时唾液中皮质醇的指标。研究结果表明，早睡早起的人唾液中的皮质醇指标比较正常，他们的精神抑郁度也较低。

人体激素分早晨型和夜晚型两种，皮质醇是早晨型激素的代表，起着分散压力的作用，守护着人类的健康。

总之，早睡早起的良好习惯对第二天的精神状态一定有着积极的影响。

## 哪些生活习惯会损坏大脑？

大脑不仅是人体进行思维活动最精密的器官，而且也是全身耗氧量最大的器官。大脑的耗氧量约占人体总耗氧量的 1/4，因此，氧气充足有助于提高大脑的工作效率。青少年在用脑时，要特别注意学习环境的空气质量。以下是一些不良的生活习惯，会严重损坏大脑。

1. 长期饱食

现代营养学研究发现，长期饱食，大脑中被称为"纤维芽细胞生长因子"的物质会明显增多，势必会导致脑动脉硬化，甚至出现大脑早衰和智力减退等现象。

2. 轻视早餐

不吃早餐容易使人的血糖低于正常水平，使得大脑的营养供应不足，久而久之对大脑有害。此外，早餐质量与智力发育也有密切联系。据研究，一般吃高蛋白早餐的青少年在课堂上的精力比不吃高蛋白早餐的青少年更好。

3. 甜食过量

摄入甜食过量的青少年往往智商较低。这是由于青少年脑部的发育离不开食物中充足的蛋白质和维生素，而甜食容易损害胃口，降低食欲，减少高蛋白和多种维生素的摄入，导致机体营养不良，从而影响大脑发育。

4. 长期吸烟

国外一位医学家研究表明，长期吸烟使脑组织呈现不同程度的萎缩。因为长期吸烟易引起脑动脉硬化，久而久之导致大脑供血不足，神经细胞变性，继而发生脑萎缩。

5. 睡眠不足

睡眠可以消除大脑疲劳。如果长期睡眠不足或睡眠质量太差，就会加速脑细胞的衰退，聪明的人也会变得糊涂起来。

6. 少言寡语

经常说话也会促进大脑的发育和锻炼大脑的功能。建议大家不要整日沉默寡言、不苟言笑。

7. 蒙头睡觉

棉被中二氧化碳的浓度会升高，氧气的浓度会逐渐下降，这会对大脑产生危害。

8. 不愿动脑

思考是锻炼大脑的最佳方法。勤于思考，多动脑筋，人才会变聪明。反之，只能加速大脑的退化，聪明人也会变得愚笨。

9. 带病用脑

在身体不适或患疾病时，勉强坚持学习或工作，不仅效率低下，而且易损伤大脑。

所以，建议大家在日常生活中，多听一些较舒缓的音乐，这对大脑神经细胞的代谢十分有利；与朋友或陌生人聊天也会促进大脑发育，锻炼大脑功能；多观察周围的事物或阅读，及时往大脑中输入有用的信息，然后加以记忆，活跃思维。

## 损害身体健康的习惯有哪些？

尽管现在的人都比较注重饮食健康，但身体仍有一些小病痛。其实，那些小病痛往往是由日常生活中我们所忽视的一些小细节造成的，也许在不经意间，就已经埋下了疾病的隐患。大家不妨看看自己有没有下列不正确的习惯，重新检讨自己的生活作息，找出治本的健康守则。

1. 每天穿同一双鞋

由于脚会出汗，穿过一天的鞋会变得潮湿，而且至少需要24小时才会完全干透。每天穿同一双鞋，就会令脚长期处在一种潮湿的状态下，容易滋生病菌。

2. 习惯穿紧身衣服

紧身的衣服可以突出身体的完美曲线，这是许多爱美的女孩的首选，即使体重增加了，也不肯加大尺码。其实，长时间穿着过紧的裤子不利于体内气体的运行，所谓"不通则痛"，容易引发腹胀等各种不适症状。

3. 洗衣服时尽量省水

虽然提倡节约用水，但如果洗衣服时用水过少，衣服上的污物和洗涤剂就不能彻底被清洗干净，这样会刺激皮肤，尤其是敏感性皮肤，容易引发皮肤病。

4. 早上起床就光着脚丫

脚每天要承受身体的全部重量，所以每天都会有部分组织受到一定程度的伤害，这些伤害只有通过夜间的休息来加以修复。如果早上起来光着脚丫子，脚后跟会负担过重，夜间修复的组织便会再次遭到伤害。

5. 总是用头和肩夹着电话讲话

这个动作很容易引发背部和颈部的肌肉疼痛。

6. 倒头就睡

由于学习太累，许多青少年会趴在桌子上、靠在椅子上睡觉。其实，睡觉是一个恢复体力、消除疲劳的过程，如果不能让身体自然放松，睡觉就无法发挥其该发挥的作用，甚至还会引发肌肉痉挛。

7. 从不清洗牙刷

所谓"病从口入"，牙刷在清洗我们的口腔时，会沾染上口腔内各种各样的物质，包括细菌，再加上它长期处在一个潮湿的环境中，更容易滋生细菌。有研究证明，如果牙刷使用15天后未清洗，就会滋生大量细菌。

8. 长时间不眨眼睛

长时间盯着电脑或电视机屏幕，容易引发电脑视觉综合征，出现流眼泪、视力下降、戴隐形眼镜不适等症状。

生活中容易被我们忽略的小细节可能酿成大毛病，所以提醒大家，为了身体健康，要善待自己。从现在起，把一些不良的习惯慢慢改掉。

## 如何保护好自己的眼睛？

眼睛是心灵的窗口，生活、工作和学习都离不开眼睛。对于经常面对电脑的人来说，电脑屏幕对眼睛的损伤非常严重，很多人都意识到了这一点，但就是不知道如何去保护眼睛。下面我们一起了解一下如何保护自己的眼睛。

1. 不要长时间连续使用电脑。通常情况下，每使用电脑 1 小时，就需要休息 10 分钟。在休息时，可远眺或做眼保健操。

2. 眼睛与屏幕之间应保持 50 厘米以上的距离，最好采用下视 20 度的视角。

3. 在使用电脑时要多眨眼，以便保持眼睛湿润。

4. 常吃一些新鲜的蔬菜和水果，可以在一定程度上预防眼睛干涩、视力下降甚至夜盲症。

5. 如果眼睛出现不适，经过长时间休息也不能消除症状，则需及时到医院接受医生检查。

6. 一个良好的电脑使用环境，对于保护眼睛也是非常重要的。使用电脑的房间光线要柔和，在其中放置一些绿色植物，可以帮助缓解眼疲劳。

当然，最重要的是劳逸结合。这里教大家一个护眼方法，站在窗前看远处的景物 30 秒，然后慢慢地把视线收回，再按顺时针方向逐个看窗户的 4 个角，完成 5 次后再按逆时针方向做 5 次。最后闭眼深呼吸，这时眼睛就很舒服了。

## 如何保护好自己的牙齿？

人的一生有两副牙：一副为乳牙，共 20 颗，上、下颌各 10 颗。在出生后约半岁开始萌出，2 岁半左右出齐，6~7 岁乳牙开始逐渐脱落。另一副为恒牙，共 32 颗，上、下颌各 16 颗，约至 12~14 岁逐步出全。智齿一般萌出较晚，也可能终身不萌出。因此，恒牙 28~32 颗均为正常。

要想保护牙齿，首先要了解牙的构造。牙分为牙冠、牙颈和牙根三部分。牙冠是我们能见到的露于牙龈外的部分,表面覆盖着一层牙釉质,牙釉质是人体中最坚硬的组织,硬度近似石英。牙根是嵌入上、下颌牙槽骨内的部分,表面有一层牙骨质。牙颈是介于牙冠和牙根之间的稍细部分,外有牙龈。很多时候,我们的牙齿会疼痛难忍,要想保护好牙齿,必须做到以下几点:

1. 养成良好的刷牙习惯。饭后最好用温开水漱口,早晚各刷牙1次。刷牙的次数不能太多,多了反而会损伤牙齿,刷牙的时间也不宜过长。刷牙的方法要正确:顺着牙,竖着刷,不可横向来回用力刷,否则会损伤牙龈。

2. 注意牙齿卫生,保护好牙齿。平时要少吃糖果,尤其是临睡前。此外,要注意日常的卫生习惯,不咬手指头、铅笔等异物,不用舌头舔牙齿。

3. 如果牙齿有疼痛的病症,应及时就医。如有蛀牙,应予以修补或拔除。

要做到以上几点并不难,关键在于持之以恒。

## 经常洗头发有哪些好处?

一头乌黑顺滑的秀发,会使人变得更有自信,也更容易赢得他人的好感。然而,在我们生活的环境中,污垢、灰尘、酸雨及各种微生物(如细菌、霉菌等)时刻都在影响着我们的"三千烦恼丝"。这些吸附在头发上的脏东西容易导致发质受损,而清洁是保养头发最基本的方法。只要根据自己的发质,选用优质洗发露并遵循正确的洗发方法,就会令头发更健康。现在,让我们了解一下经常洗发的好处:

1. 使发质受损的概率减小,令发质更健康

污垢和灰尘会增加头发与头发之间的摩擦力,引起发质受损。

经常洗发，能洗去头发上积存的污垢、灰尘和油脂，增加发丝之间的通透性，让头发自由"呼吸"，从而减少头发受损、折断的情况，令发质更健康。

2. 使头发更有光泽

污垢和灰尘可使头发失去光泽，显得黯淡无生机。如果经常洗发，能刺激皮脂腺的正常分泌，使头发滋润、顺滑且富有光泽。

3. 减少头皮屑的产生

我们的头皮上都有微生物，如果头皮上某些微生物的数量过多，导致头皮角质层的过度增生，就会产生头皮屑，而头皮日常分泌的油脂则是这些微生物的培养基。经常清洗头发，可以洗去头皮和头发上多余的油脂，是控制头皮屑产生的有效方法之一。

4. 令我们感到更清爽和自信。

油腻的发丝和纷飞的头皮屑容易使我们情绪低落，自信心也大打折扣，而经常洗头可带给我们一种清爽的感觉。闻着头发中隐约散发的清香，心情也会随之变得轻松。

勤洗头发这个习惯一定要保持下去，因为它能给你自己和周围的人带来好心情。

## 生气对身体有哪些危害？

青少年的学业负担比较重，有些成绩不太理想的青少年可能常常会自己生闷气，或者因家长施加压力而不开心。但是，大家应该知道，生气不仅会影响我们的心情，还会对我们的健康造成很严重的伤害。现在让我们一起来看看生气会带来哪些危害。

1. 加速脑细胞衰老

人在生气的时候有大量的血液涌向大脑，会增加脑血管的压力及血液中的毒素，减少氧气，从而对脑细胞造成伤害，加速脑细胞的衰老。而且毒素会刺激毛囊，引起毛囊周围不同程度的炎症，从而出现色斑。另外，大量的血液涌入大脑，还会使供应心脏的血液减少，从而造成心肌缺氧。

2. 加重胃溃疡

人在生气的时候往往食欲很差，这是因为生气会引起交感神经兴奋，而交感神经兴奋会直接作用于心脏和血管，导致胃肠中的血流量减少，蠕动减慢，食欲变差，甚至加重胃溃疡。

3. 伤肝

自古就有"生气伤肝"一说，这是因为人在生气的时候会分泌一种物质，这种物质叫儿茶酚胺。它作用于中枢神经系统，会造成脂肪酸分解加强，血糖升高，血液和肝细胞内的毒素相应增加，进而对我们的肝脏造成伤害。

4. 伤肺

人在生气的时候，常常会感觉呼吸急促，有的时候甚至会出现过度换气等现象。为了保证及时呼吸，肺泡会不停地扩张，从而得不到应有的放松和休息，危害肺的健康。

5. 抵抗力下降，内分泌紊乱

人在生气的时候会出现抵抗力下降的症状，这是由于大脑发出信号，让身体产生一种阻碍免疫细胞运作的物质。这种物质在体内积累过多，就会导致抵抗力下降。不仅如此，生气还会令内分泌系统紊乱，使甲状腺分泌的激素增加。

常言道："笑一笑，十年少。"保持良好的心态，经常面带微笑，不要动不动就生气，这样就不会产生上面提到的一些问题了。

## 唱歌的好处有哪些？

科学家告诉我们，唱歌除了艺术价值外，还具有健康价值——

它不仅能使人们的心情愉悦，而且还能增强身体的免疫力。唱歌使用的横膈膜呼吸法，还能起到缓解压力的作用。因此，唱歌被称作是保持身心健康的一剂"天然良药"。下面让我们一起来看看唱歌的一些好处吧！

1. 能释放荷尔蒙

国外某大学的一位教授对唱歌的作用进行了长期研究。研究证明，人们在唱歌的时候，大脑中会释放出一种名为"催产素"的荷尔蒙，这种荷尔蒙能增进人们之间的感情。

2. 能增强免疫功能

唱歌除了能让人精神愉快之外，还能增强人体免疫功能。虽然我们不能说唱歌能抵御感冒，但在适当情况下，唱歌确实能增强一个人的免疫系统。

美国的一位科学家进行了一个实验，测试了两组65岁以上的老人，这些老人从来没有经过声乐训练。其中一组老人每周在专业指挥的指导下参加唱诗班，另一组老人只参加一些平时的活动，并不参加唱诗班。一年之后，第一组老人的健康指数要比第二组老人的高。坚持唱歌的老人去医院看病和吃药的次数也少了。

3. 能训练神经通路

美国的一位艺术家说："音乐使用右脑，而语言使用左脑，两者之间的神经通路是很强的。几乎每唱一首歌，我都能记住它的歌词。对于孩子来说，接触音乐和唱歌是非常重要的。"他认为对艺术的学习能够训练人们的神经通路，这些神经通路对大家学习其他领域的知识具有非常重要的意义。

## 怎样预防"空调病"？

空调在给人们带来舒爽的同时，也带来一种"疾病"，即"空调病"。长时间在空调环境中工作或学习的人，因空气不流通，身体可能会出现一系列病状反应，如鼻塞、头昏、打喷嚏、耳鸣、乏力、记忆力减退等症状，以及一些皮肤过敏的症状。这类症状在现代医学上被称为"空调综合征"或"空调病"。

通常来说，空调病的主要症状会因人们的适应能力不同而有差异。一般症状表现为畏冷不适、疲乏无力、四肢肌肉关节酸痛、头痛，严重的甚至还可引起口角歪斜。在空调冷空气的刺激下，耳部局部组织血管神经机能可能发生紊乱，使得位于茎乳孔部的小动脉发生痉挛，进而引起面神经原发性缺血，继之静脉充血、水肿，水肿又压迫面神经，导致口角歪斜。

那么，我们该如何预防"空调病"呢？

1. 使用空调必须注意通风，每天应定时关闭空调，打开窗户换气，让室内保持一定的新鲜空气。

2. 长期在空调环境中生活、学习的人，应该每隔一段时间到户外活动，而且要多喝水，以加速体内新陈代谢。从空调环境中外出，最好先在阴凉的地方活动片刻，等身体适应后再到太阳光下活动。

3. 空调室温和室外温度的温差不宜过大，尽量不超过5摄氏度。夜间睡觉时最好不要使用空调，入睡时关闭空调更为安全。

4. 在空调环境中工作、学习时需要注意，不要让通风口的冷风直接吹在身上，大汗淋漓时更不要直接吹冷风，因为这样虽然降温快，却很容易发病。

5. 最好不要在室内抽烟。

6. 要经常保持皮肤的清洁卫生，这是因为经常出入空调环境会冷热突变，皮肤上附着的细菌容易在汗腺或皮脂腺内阻塞，从而引起皮肤健康问题。

7. 使用消毒剂杀灭微生物，保持环境卫生。

8. 增置除湿剂，防止细菌滋生。

9. 注意不要在静止的车内开放空调，以防汽车发动机排出的一氧化碳回流入车内而发生意外，即一氧化碳中毒。

10. 工作场所中的衣着，要达到空调环境中的保暖要求，不能太薄。

11. 夏季，空调温度不低于26℃，冬季不高于20℃，这样既节能，又不易患病。

## 洗脚有哪些好处？

常言道："人之有脚，犹似树之有根；树枯根先竭，人老脚先衰。"可见脚的健康与否，能直接反映出人体的衰老程度。

根据"中医经络学说"，人体的五脏六腑在脚上都有相应的部位。经常洗脚，按摩脚趾、脚掌心，能防治局部甚至全身的诸多疾病。比如，大脚趾是两经的通路，经常在洗脚时按摩，可疏肝健脾、增进食欲；二脚趾属胃经，经常在洗脚时按摩可调节肠胃功能；四脚趾属胆经，经常在洗脚时按摩可疏通胆经，预防肋痛；脚掌心是肾经涌泉穴所在，经常在洗脚时按摩能治疗肾虚体亏。

洗脚不但对人体的五脏六腑有好处，还可以有效预防足癣等各种脚部疾患。对已患足癣者，经常用淡盐水洗脚能防止由于不清洁而引起的继发细菌性感染。冬天用热水泡脚，能有效促进局部血液循环，预防冻疮。在炎热的夏天洗脚，可让人觉得清凉沁脾、神清气爽，益气解暑。

洗脚的正确方法是用手搓脚，不但洗得干净，而且更重要的是手对脚的搓揉推拿能起到刺激神经、改善血液循环、活经通络、促进新陈代谢的功效。所以，正值发育期的青少年多洗脚也是绝对有好处的。

## 活动手指有什么好处？

手指运动中枢在大脑皮层中所占的区域最广，手指的动作越复杂、越精巧、越娴熟，就越能在大脑皮层建立更多的神经联系，从而使大脑变得更聪明。

1. 玩沙子、玩石子、玩豆豆等，可以锻炼双手的神经反射，促进大脑发育。

2. 伸、屈手指，可以增强手指的柔韧性，提高大脑的活动效率。

3. 摆弄智力玩具、学打算盘、做手指操等精细的活动，可以锻炼手指的灵活性，增强大脑和手指间的信息传达。

4. 经常让孩子交替使用左、右手的手指，可同时开发左脑和右脑的智力。

## 伸懒腰有什么好处？

工作或学习累了的时候，伸个懒腰往往会让人觉得特别舒服。有时候在公共场所伸懒腰，似乎有失斯文，但这的确是一种伸展腰部、活动筋骨、放松脊柱的方法。下面给大家介绍一下伸懒腰的好处：

1. 可使人体的胸腔对心脏形成挤压，有利于心脏的充分运动，使更多的氧气供给各个器官。上体的活动能使更多含氧的血液供给大脑，使人顿时感到清醒。

2. 会引起全身大部分肌肉较强烈的收缩，在短短的几秒钟内，能让很多淤积停滞的血液流回心脏，增加血液循环量，改善血液循环。

3. 可以增加吸氧量，呼出更多的二氧化碳，促进机体新陈代谢。

4. 使全身肌肉（尤其是腰部肌肉）在有节奏的伸缩中得到活动，可以在一定程度上预防腰肌劳损。

5. 还可以对脊柱过度向前弯曲起到一定的纠正作用。

所以，建议大家在劳累的时候伸伸懒腰。

## 打哈欠的原因和好处是什么？

打哈欠就像心跳、呼吸一样，是人体的一种本能反应。科学研究表明，打哈欠能增加脑细胞的供氧量以及提高人体的应激能力。

关于打哈欠的原因，不同的理论有不同的说法。

生理理论认为是缺氧。当肺周边组织侦测到肺里的氧浓度变低时，就会让人打哈欠以便吸入更多的空气，满足人的需要。然而，我们现在知道，肺周边组织不一定能够侦测到氧气的不足。有研究指出，通过超声波扫描，可以看到胎儿在母亲肚子里打哈欠的影像，但子宫内的胎儿的肺还不能换气。同时也有实验证明，人们在二氧化碳浓度偏高的环境里打哈欠的次数，并不明显比在正常的环境中多。

厌倦理论认为，如果人对某件事情感到厌倦，那么就会打哈欠，用这种身体语言来表达自己不感兴趣。可是，被称为大脑"哈欠中枢"的下视丘的室旁核的活动，经常是跟人最感兴趣的事情联系在一起的。所以，厌倦理论的这个观点可能是错的。

进化理论则认为，打哈欠是人类祖先传下来的，是为了露出牙齿向别人发出警告，是在进化过程中获得的保护机制。例如蜷伏在草丛里一动不动的蛇，常常打完哈欠再行动；水中的河马也会先打哈欠，之后再从水中走出来。鉴于人类的发展已经进入了文明社会，用打哈欠的方式向别人发出警告已经过时了。如果按照进化理论的说法，那么人类打哈欠的行为最有可能是一种已经丧失存在意义的演化痕迹了。

当生理理论、厌倦理论、进化理论都不能说服大家的时候，另一个理论基本上得到了大多数人的认可。美国马里兰大学的生理学家普罗文和贝宁格对哈欠进行了十多年的研究，他们发现，夜间开车的司机会频繁地打哈欠，有些在看书和做作业的学生也会哈欠连连，可是却很少有人在床上打哈欠。所以，他们认为打哈欠是人们觉得必须保持清醒状态的时候，是促进身体觉醒的一种反应。

从这个意义上说，哈欠可以被认为是一种提醒人们保持清醒的生理机制。一次打哈欠的时间大约为6秒钟，在这期间，人体全身的神经、肌肉得到完全放松。而且这一过程能使更多空气进入肺部，从而增加血液中氧气浓度，对于大脑的中枢神经系统有去除困倦感的作用。打哈欠需要脸部的肌肉运动来完成，所以可以通过有意识地咬紧牙关来抑制。

当大家在紧张的学习、工作之后，不妨伸开双臂或者将头后仰，打一个长长的哈欠，此时，你的胸腔中会有一种莫名的舒适感。

## 经常梳头有什么好处？

中医认为，人体内外、脏腑器官之间互相联系，经络通畅，气血通达全身，人才能健康。这些经络或直接汇集在头部，或间接作用于头部，人头顶的"百会穴"就由此得名。梳头可以起到疏通气血、滋养头发、健脑聪耳、散风明目、防治头痛等作用。

关于梳头的这个认知，很早就被人接受了。早在隋朝，名医巢元方就曾明确指出，梳头有通畅血脉、祛风散湿的作用。北宋大文学家苏东坡对梳头能促进睡眠就有深切体会，他说："梳头百余下，散发卧，熟寝至天明。"

《养生论》中说："春三月，每朝梳头一二百下。"人们清晨起来，早已养成洗漱梳理的习惯，可是为什么要特别强调春天梳头？这是由于春天是大自然阳气萌生的季节，人体的阳气也顺应自然，有向上、向外升发的特点，表现为毛孔逐渐舒展、循环系统功能加强、代谢旺盛等。春天梳头正符合春季养生强身的要求，能通达阳气、宣行郁滞、疏利气血，自然也就能够在一定程度上强身健体了。

现代也有研究表明，头是中枢神经所在，经常梳头能加强对皮肤的磨擦，从而疏通血脉，改善头部血液循环，使头发得到滋养；能促进大脑的血液供应，在一定程度上有助于降低血压、预防脑溢血等；能健脑提神，消除疲劳，延缓大脑衰老。

从审美的角度说，梳头是美发不可缺少的步骤之一。梳头可以去掉头皮及头发上的一些脏物，并给头皮以适度的刺激，从而促进血液循环，使头发变得柔顺而有光泽。

俗话说："千过梳头，头不白。"每天早晚用牛角梳或黄杨木梳，由前往后，再由后往前轻轻触及头皮，梳刮数遍，可疏通经气，促进头部血液循环，缓解用脑过度导致的头痛、麻木等。梳头的时候用力要平均，仅让梳齿轻轻接触到头皮即可，千万不要让梳齿划破头皮。

梳头的力度和发质有关。如果你的头发是干性的，梳的时候要多用些力；如果你的头发是油性的，梳的时候用力越少越好，因为用力太多会刺激皮脂分泌。

梳头好处何其多，所以每个人都应养成天天梳头的好习惯。

## 为什么不能坐着午睡？

在工作和学习生活中，很多人午睡会采取伏案睡觉的方式。如果不注意，这种睡觉方式会对健康不利。

人在睡熟之后，全身的基础代谢减慢，体温调节功能也随之下降，导致机体抵抗力降低。全身毛孔都处于张开状态，如果不注意保暖，醒来后往往会出现鼻塞、头晕等症状。

伏案而睡有时还会导致身体各部位出现不适。如头部长时间枕在手臂上，手臂的血液循环受阻，神经传导受影响，极易出现手臂麻木、酸疼等症状。而且由于伏案睡觉时压迫到了眼球，醒后往往眼压过高，会出现暂时性的视力模糊。长期如此，会使眼球胀大、眼轴增长。

此外，伏案睡觉不能使身体得到彻底放松，身体的某些肌肉群、汗腺、皮肤在睡醒后仍处于紧张状态，导致睡完觉后不仅没有精神饱满的感觉，相反可能会感到更加疲惫。因此，相关研究人员认为，如果伏案而睡出现了不适，那么就应该采取躺睡的方式了。

除了伏案而睡之外，有的同学还习惯在午休时坐着打盹。据研究，这种休息方式其实也并不能消除疲劳。这是因为人体处于睡眠状态时，血液循环减慢，头部供血减少，而坐着午睡由于体位关系，供给大脑的血液会更少，使人醒后容易出现头昏、眼花、乏力等一系列大脑缺血缺氧的症状。

另外，还要提醒大家，午睡时间不宜过长。一般来说，午睡时间尽量控制在 30 分钟以内。而且不要饭后马上睡觉，刚吃了饭，消化器官正处于工作状态，此时午睡会降低消化机能，所以最好在吃完饭 30 分钟后再睡。

## 怎么喝咖啡才是正确的？

喝咖啡已成为许多人的选择，但是怎样才是正确健康的喝法呢？

首先，喝咖啡要适量，并且浓度不要过高。一般来讲，我们每天喝的咖啡不要超过 3 杯。咖啡中含有咖啡因，能兴奋神经、刺激血管、加速心跳。过量饮用咖啡会引起血压升高、夜间失眠等症状。由于咖啡对胃黏膜有刺激作用，对于有胃溃疡或胃炎的人来说，喝过量的咖啡会增加胃液分泌，从而加重病变。

其次，咖啡趁热喝比较好，冲泡咖啡的水温在 80℃～90℃ 为佳，最能散发原汁原味的浓香。

再次，喝咖啡不应加太多糖。糖会增加热量的摄入，对健康不利。如果身体没什么疾病，可以适量加糖，但加糖也有讲究。为了节约成本，多数咖啡店会选用白砂糖，但它会影响咖啡的原味。正确的咖啡用糖应该是黄糖，其颗粒大、色泽发黄。

最后，还得注意，咖啡本身的营养含量非常少，所以在喝咖啡的同时，不妨配一些小点心，或者往咖啡里面加一些植脂末、炼乳之类的东西，这样不仅能调节咖啡本身的口味，改善口感，同时也能增加它的营养。

还有一点需要告诉大家的是，由于咖啡一般饮后约 1 个小时就会起作用，而它作用于人体的时间一般可维持 4～5 个小时，所以如果你想在一天内精力充沛的话，饮用咖啡的时间应在上午，下午和晚上不要喝咖啡，以免失眠。这样既可以享受到咖啡带给你的好处，又不会因此而影响睡眠。

## 怎样才能睡好觉？

睡眠是人类最基本的生理活动之一，高质量的睡眠是健康的标志之一。很多青少年由于学业压力等，睡眠质量下降。睡眠质量下降可能导致出现疲惫、记忆力下降、注意力不集中和心情烦躁等症状，甚至还可引起抑郁症或精神分裂等问题，直接影响我们每天的精神状态以及学习、工作的效率。

如今，人们的健康意识不断增强，睡眠问题引起了社会关注。2001年，国际精神卫生和神经科学基金会将每年的3月21日定为"世界睡眠日"。

怎样才能睡好觉呢？下面我们介绍提高睡眠质量的10个方法。

1. 坚持有规律的作息时间，周末不要睡得太晚。如果你周六睡得晚、周日起得晚，那么周日晚上你很有可能失眠。

2. 睡前勿暴饮暴食。在睡觉前大约2个小时吃少量的晚餐，不要喝太多的水，因为晚上不断上厕所会影响睡眠质量；晚上最好不要吃辛辣的、富含油脂的食物，因为这些食物也会影响睡眠。

3. 睡前远离咖啡。建议你睡觉前8小时不要喝咖啡。

4. 选择锻炼时间。下午锻炼是帮助睡眠的最佳时间，而有规律的身体锻炼能提高夜间睡眠的质量。

5. 保持适当的室温。卧室温度不宜偏高，也不宜偏低，才能有助于睡眠。

6. 大睡要放在晚间。白天睡觉可能会导致夜晚睡眠时间被"剥夺"。白天的午睡时间应控制在半小时以内，且不能在下午3点后进行午睡。

7. 保持安静。关掉电视和收音机，因为安静对提高睡眠质量是非常有益的。

8. 选择舒适的床。一张舒适的床能给你提供一个良好的睡眠空间。

9. 睡前洗澡。睡觉之前洗热水澡有助于你放松肌肉，可令你睡得更香。

10. 不要依赖安眠药。在服用安眠药之前，一定要咨询医生。

最后专家提醒，失眠的时候不要给自己压力，因为压力会让你更睡不着，要学会放松。

## 你的睡觉方式正确吗？

我们每一个人生命中大约有1/3的时间用在睡眠上，睡眠对于生命和健康尤为重要，它是一切生理活动所需能量进行恢复并重新积累的过程。

然而，每一个人对睡觉又有多少正确的认识呢？实际上，很多人的睡觉方式都不利于健康，比如以下几种：

1. 饭后立即睡觉

饭后，为了更好地消化、吸收胃内的大量食物，机体就会增加胃、肠的血流量。然而，身体里的血量却是相对固定的，因此大脑的血流量就会相应减少，血压也会随之下降。这时睡觉，很有可能会因为脑供血不足而发生中风。建议大家吃完饭后不要立即睡觉，应该稍稍运动一下，降低中风发生的概率。

2. 醒后马上起床

刚刚睡醒时心跳会比较平缓，心脑血管也会相对地收缩，所以如果醒后马上起床的话，会导致心脑血管迅速扩张，大脑的兴奋性也因此加强，这种状况很容易导致脑出血。所以，睡醒后应在床上养神三五分钟后再起床。

3. 戴表睡觉

很多年轻人喜欢戴着手表睡觉，这样既会缩短手表的使用寿命，也不利于身体健康。人入睡后血流速度减缓，戴表睡觉可能会导致腕部的血液循环不畅。

4. 戴假牙睡觉

由于个别牙齿缺失而戴活动假牙的人，为了防止假牙脱落掉入食管或者气管，最好睡觉时不戴假牙。如果是装全口假牙的人，在形成佩戴习惯之前，可以戴着假牙睡觉。在形成佩戴习惯以后，就应记得在临睡前摘下假牙，并将其浸泡在清洗液或者冷水中，第二天早上漱口后，再放入口腔戴上。

5. 把手机放在枕边睡觉

大部分人为了通话方便，睡觉时会将手机放在枕头旁边。然而，有些人总是忍不住地想躺着玩手机，从而可能影响视力和睡眠质量。

6. 戴乳罩睡觉

已有研究表明，戴乳罩睡觉易诱发乳腺癌。因为长时间戴乳罩会影响乳房的血液循环和部分淋巴液的正常流通，因而不能及时清除体内的有害物质，长期这样就会使正常乳腺细胞癌变。所以，有这个习惯的女生千万要注意。

7. 带妆睡觉

有些青年女性，常常睡觉前不卸妆，而是带着残妆睡觉。没有卸掉的化妆品会堵塞肌肤毛孔，成为汗液分泌的障碍，妨碍细胞呼吸，长时间累积会诱发粉刺，进而损伤容颜。因此，睡前卸妆洗脸是很有必要的，既可以清除残妆对颜面的刺激，保持皮肤光滑润泽，还有助于早入梦乡。

## 如何正确洗澡？

研究表明，人的皮肤表面有一层薄薄的皮脂膜，它是由分泌的油脂、汗液和皮肤细胞碎屑等构成的，对皮肤有着保护作用，并让皮肤看上去有自然光泽。而冬季皮肤干燥、瘙痒等症状，就很可能是因为这层皮脂膜受到了破坏。所以，正确洗澡的标准应该是在清洁皮肤的同时不破坏皮脂膜。

首先，水温应在40℃左右，比体温略高，但又不感觉烫。水太烫会破坏皮脂膜，从而造成皮肤微小的损伤，加重瘙痒的症状。

其次，如果是天天洗澡的话，每次洗澡时间维持在5～10分钟就可以，不要超过30分钟。洗澡时，注意不要大力搓，以免造成皮肤损伤。另外，老人盆浴，水位不要超过心脏。

再次，选择清洁用品时，尽量选中性或弱酸性的沐浴露，不要用碱性的香皂、肥皂。想要判断酸碱性，看商品说明就可以。冬季洗澡时，如果不是特别脏，是可以不用沐浴露的。

最后，浴后一定要在皮肤没干透的情况下再涂抹乳液，除了腋下、腹股沟，全身都要抹。小腿、腰、臀和前臂因为皮脂腺最少，所以最容易发生瘙痒，要多抹或者反复抹。由于浴后乳液保湿效果只有一两天，因此即使不洗澡，也要记得涂抹。

## 青春期少女怎样对乳房进行保健？

乳房是女性的重要生理标志之一，而乳房的健康与否对女性有着重要的意义。乳房的保健不仅仅限于已婚妇女，青春期少女也应做好乳房的保健。那么青春期少女应该如何正确地进行乳房保健呢？

通常来说，专家建议少女，青春期乳房开始发育时，尽量穿松紧度适当的内衣，不要因为害羞而过紧地束胸。在乳房发育过程中，有时会出现轻微的胀痛感，这时候不要用手挤压或抓挠。这个阶段乳房发育是正常的生理现象，也是健美的标志之一，青春期应加倍保护自己的乳房。具体应做到以下几点：

1. 注意姿势

平时走路要挺胸抬头，收腹紧臀；坐时要挺胸端坐，不要含胸驼背；睡时要采取仰卧位或侧卧位，不要俯卧。

2. 避免外伤

在劳动或体育运动时，要特别注意保护乳房，避免受到撞击伤或挤压伤。

3. 做好胸部健美

这里主要指的是加强胸部的肌肉锻炼，比如适当做些扩胸运动或俯卧撑、扩胸健美操等。

4. 局部按摩

坚持每天早晚适当地按摩乳房，可促进神经反射作用，从而改善脑垂体的分泌状况。

5. 营养要适度

处于青春期的女性不能因片面地追求曲线美而盲目地节食、偏食，应通过摄入适量蛋白质食物，促进胸部的正常发育。

总之，青春期少女一定要意识到乳房保健的重要性，然后采用正确的方法保护自己的乳房，同时养成良好的生活习惯，让自己的乳房健康发育和成长。

## 青春期少女的私处如何保健？

女性的私处的阴道口靠近肛门，很容易受污染，再加上阴道经常有分泌物流出，因此特别要注意私处的清洁。

清洗时要注意，备好自己的专用清洗用具。清洗用具在使用前要洗净，使用后要晒干或在通风处晾干，最好在太阳下暴晒，这样有利于杀菌消毒。此外，用温水清洗即可，尽量不要使用沐浴露等，以免改变阴道本身正常的酸性环境。

大便后用手纸由前向后揩拭干净，而且最好养成用温水清洗肛门的习惯。若不清理干净，肛门留有粪渍，会污染内裤。粪渍内含有的肠道细菌会趁机侵入阴道，从而引起炎症。例假期间，要注意用温水勤洗外阴，勤换卫生巾，避免血渍成为细菌的培养基。同时，养成良好的生活习惯，不饮酒、不吸烟、远离毒品。

女性的私处是外生殖器官，处在青春期的少女要爱惜它，做好日常保健工作。

## 如何做好经期卫生保健？

月经是一种生理现象，但是由于月经期机体发生着种种变化，以致每到这个时候女性的抵抗力就会下降。处在青春期的少女如果不注意，便很容易生病，从而影响健康和以后的生育能力。依据月经期间的生理特点，女性要注意：

1. 避免感染

由于女性生殖道的外口与肛门非常近，而粪便中又含许多病原菌，因此非常易于引发生殖器感染。尤其是在女性月经期间，如果生殖道下部不清洁，就更容易导致上行性感染，从而引发盆腔炎。所以，月经期要使用干净的卫生巾，而且要勤换。要保持外阴的清洁，月经期应常用干净的布巾擦洗阴部，但注意不可盆浴或将下身浸泡在水内，也不可以游泳，防止脏水进入阴道。在月经期间尽量不做阴道检查。

2. 避免过劳

在月经期间，可以照常参加一般的劳动，适当活动可以促进盆腔的血液循环。不过，这个时候机体易于疲倦，免疫力下降，所以务必注意避免精神和体力的过劳，不可做激烈的运动。

3. 避免湿冷

经期免疫力下降，易患感冒，因此要注意身体保暖，避免寒冷刺激，尤其要避免下半身受凉。下水田、蹚河、淋雨、用冷水洗脚或洗澡等很容易导致盆腔脏器的血管收缩，从而使经血过少，甚至突然中断，月经不调。

4. 避免情绪波动

月经期和神经活动关系密切，所以该阶段情绪易于波动。

5. 避免刺激性食物

月经期要吃新鲜且容易消化的食物，切忌进食生、冷、酸、辣等刺激性食物。还应注意的是，月经期易于发生便秘，而便秘可引起下半身充血，所以经期应多喝水，保持排便顺畅。

## 脸上长青春痘怎么办？

青春期时，人体内的激素水平较高，会促进皮脂腺分泌更多油脂，导致毛囊口堵塞，毛囊内的微生物大量繁殖，从而引发皮肤红肿。由于这种症状常见于青少年，所以人们称它为"青春痘"。那么，长青春痘了该怎么办呢？

秘诀一：正确地洗脸和洗澡

很多人认为脸洗多了会把宝贵的皮脂膜洗掉。其实，脸上的油脂不停地在分泌，所以根本不必担心洗脸会把油脂洗光。如果你洗脸的方法正确，那么既可以去除多余的油脂，还可维持皮肤的光滑洁净。一般来说，每天洗两三次脸都是可以的，但应该简单地洗。也就是说，以温水湿润皮肤后，将祛痘洁面乳放在手掌上揉搓，然后在脸部长有青春痘的地方轻轻地按摩，按摩一段时间后用水洗掉。切记清洗面部时不要过度按摩脸部，也不能用太热的水洗脸。如果面部有点轻微脱皮，洗脸的次数就可以相应减少。当然，有时青春痘不只长在脸上，前胸、后背都有可能长。这时，每天洗澡，而且选择适当的沐浴产品会有所改善，但切记水温不可太高，因为高温会刺激油脂分泌。

秘诀二：不要挤压青春痘

当青春痘里的脓汁或白色油脂颗粒被挤出来后，感觉青春痘好像会消得比较快，其实恰恰相反，此举会造成一连串伤害，比如出现凹洞、黑斑，容易脸红，血管扩张形成一条条血丝，以及老是在同一个地方冒出青春痘等。所以不要挤压青春痘，只要耐心等待两三周，让颗粒球干燥、密实，然后在清洁时自然掉出，就不会留下疤痕。

秘诀三：不要蒸脸

如果脸上青春痘比较多，甚至出现破溃处，就不要用热气蒸脸，否则会使油脂分泌得更多，加重病情。

秘诀四：不要过度晒太阳

一般来说，青春痘长得太严重时，即便好了也会留下色素斑。如果过度晒太阳，紫外线会加深色素斑的痕迹，使得整张脸看起来色泽不一致。以伞、帽子及各种遮掩物进行防晒较适合，因为一般的防晒乳液或者隔离霜可能更易助长青春痘。

秘诀五：睡眠要充足

熬夜的时候油脂会分泌得更多，因而青春痘也长得更多，并且脸色也会暗沉，呈现不健康的色泽。所以不要熬夜，睡眠绝对要够。

秘诀六：心情要放松

紧张、烦躁等不良情绪同样会导致油脂分泌增加，所以心情不愉快时，青春痘会长得更多。

秘诀七：饮食要均衡

既然没有确切的证据表明巧克力、花生会让你长更多的青春痘，为何不享受一下美味可口的食物呢？要皮肤光亮、洁净、健康，就需要补充各种不同的营养素，缺一不可。不过，那些吃了会让脸发热、发红的饮食（如辣椒）仍需避免食用，以免加重病情。

秘诀八：在医师建议下使用药物帮忙

目前治疗青春痘的外用药很多，大部分是安全有效的。但绝不可能收到立竿见影之效，即便在正确使用下也要两三个月。使用外用药品时，初期症状可能会变得更严重，甚至皮肤会因为药物适应性的关系发红、脱皮。但一般情况下皮肤会渐渐适应，青春痘的症状也会因此改善。但若刺激现象持续，可咨询医师是否停药。还有些外用药本身效果很好，但可能因为患者肤质不同而过敏，所以使用后会出现红、痒等症状，就应先停止用药，并拿着药去请教相关医师。

## 变声期如何保护好嗓子？

一般情况下，青少年在 14～16 岁左右进入变声期。这个时期是喉头、声带发育的重要阶段，会有如下表现：声音嘶哑、音域狭窄、发音疲劳、局部充血水肿、分泌物增多等。这个时期内声带保养尤为重要。

1. 使用

正确使用嗓子，切忌过度使用嗓子高声喊叫或者无节制地大声喧哗，尤其注意不要过度大声唱歌。青春期用嗓过度后果很严重，可能会导致声音嘶哑。

2. 保暖

避免因着凉而感冒，因为感冒会加重嗓子的肿胀和充血。冬天特别要注意保暖，尽量不要穿低领衣服，尤其注意脖子保暖，以避免喉部受冷。

3. 锻炼

除了随天气变化而适时增减衣服和被褥以外，还要适量参加一些体育活动。研究表明，每天进行体育锻炼，对声带的健康发育也大有好处。

4. 睡眠

做到劳逸结合，有规律地生活。不要熬夜，每天保证睡眠充足。

健康饮食养声带的原则：

1. 尽量不吃或少吃刺激性食物，如大蒜、辣椒、生姜等，因为这些食物会刺激嗓子。

2. 冬天切忌喝太烫的开水，夏天不吃太凉的冷饮，剧烈运动后不要马上喝冷水。

3. 切忌吸烟喝酒，这是由于烟、酒中的有害物质对青少年的生长发育（尤其是声带的生长发育）是非常有害的。

4. 主食及副食应以软质、精细食物为宜。

5. 注意不要吃炒花生仁、爆米花、锅巴等既硬又干燥的食品，避免对嗓子造成机械性损伤。

## 青少年有网瘾怎么办？

网瘾就是"网络成瘾"的简称。如今，使用互联网已成为当今信息社会的一大潮流。有些青少年对光怪陆离的网络世界产生强烈的好奇心，但他们又缺乏一定的自制力，所以形成了对网络的过度迷恋和依赖。

据有关调查数据表明，目前我国青少年网络成瘾人数已超过千万，而且人数也越来越多。青少年网络成瘾的现状和其带来的危害已经引起社会各方的高度重视。

如何解决网瘾问题呢？这不单单是家长和老师的当务之急，而且是需要全社会通力协作的一件大事。对于有网瘾的孩子，不能简单地谴责和采取高压措施，应该虚心向虚拟世界求教，使他们的社会需要在现实生活中得到满足，这样他们就不必去虚拟世界寻找替代物。

虚拟世界有哪些强大的吸引力呢？下面是一些值得我们现实世界效仿的基本原则：

1. 奖励原则

虚拟世界会对孩子们的进步（哪怕是极其微小的进步）予以奖励。在现实生活中，即使是表现再差的学生，也有可能出现点滴的进步，这时我们为什么不能对这些学生及时予以肯定，来满足他们的自尊需要和成就需要呢？这些看似微不足道的进步将会慢慢积累起来，然后渐渐成为习惯，最后成为良好的行为模式。

2. 娱乐原则

我们都知道，虚拟世界的网络游戏是以娱乐贯穿始终的。那么在现实生活中，为什么我们不能重新设计教学内容以及教学方式，让孩子的求知过程充满乐趣？为什么我们不能在学校开设各种兴趣小组，让孩子的潜能都得到发挥，好奇心都得到满足？为什么我们不能让孩子们主动起来，有一些选择权，让他们在自己感兴趣的领域得到更多的发展？如果我们做到了这些，就能让所有的孩子都充满自信，充满成就感，充分满足其社会需要，而不会网络成瘾。

3. 平等原则

上网聊天之所以吸引人，主要是因为网上的交流是平等的、自由的。所以，家长和老师应该加强与孩子之间的交流，并且这种交流必须是平等的，不是进行简单说教，而是要用孩子的眼光看待现实世界，并且以过来人的身份诉说青少年时期的艰难、烦恼和快乐。

## 吸烟有哪些危害？

吸烟被喻为一种慢性自杀行为，已成为当今世界危害最严重的社会问题之一。虽然《中华人民共和国未成年人保护法》规定了未成年人不许吸烟，不过青少年中吸烟的人数仍相当多，并且有上升趋势。青少年吸烟是一种极其有害的不良行为。

首先，它对生命构成威胁。从总体上看，青少年吸烟的危害比成年人要大。这是因为青少年正处在身体迅速成长发育的阶段，身体的各器官系统还没有完全发育成熟，神经系统、内分泌功能、免疫功能都不太稳定，受各种有毒物质的影响更大。青少年吸烟很有可能导致早衰、早亡，少女吸烟还会引起月经紊乱和痛经。

其次，青少年长期吸烟会在一定程度上导致注意力下降，而且还会降低智力水平、学习效率和工作效率。青少年吸烟成瘾，还可能导致思维中断和记忆障碍。

再次，青少年吸烟会对家庭和社会造成负面影响，比如助长追求享乐的生活态度，增加父母的经济负担，还会促成不良的交往从而诱发不良行为，甚至逐步引发犯罪。有些青少年为了弄到买烟的钱，甚至不惜偷窃、敲诈勒索、抢劫。

最后，吸烟会危害公共安全。它现在已经成为引起火灾事故的重要因素之一，对公共安全构成了一定的威胁。

吸烟害人害己，所以青少年应该养成不吸烟的良好习惯。

## 饮酒有哪些危害？

我们都知道饮酒对健康有很大的危害，长期大量地饮酒能够引起血压升高、消化不良、胃肠道慢性炎症、酒精性心肌病，甚至会导致消化系统癌症。此外，饮酒对正常的生理功能和发育也有严重影响。科学家通过实验证明，酒精能使生殖器官的正常机能衰退，而且如果经常饮酒，会使发育期的青少年性成熟的年龄推迟2至3年。

青少年正处于生长发育时期，各个器官的发育尚未成熟。青少年的食道黏膜细嫩，且管壁薄，经不起酒精的过度刺激，饮酒可能会引发炎症或使黏膜细胞发生突变。同样，青少年的胃黏膜也比较嫩，而酒精的刺激会影响胃酸及胃酶的分泌，使胃壁血管充血，从而导致胃炎或胃溃疡。酒精进入人体后，要靠肝脏来解毒，但是青少年的肝脏发育尚不完全，肝组织较脆弱，所以饮酒会给肝脏带来难以想象的负担，这样就会破坏肝功能，可能导致酒精性脂肪肝。特别需要注意的还有青少年的神经系统，酒精对中枢神经系统有麻痹作用，会降低大脑皮层的思维能力和动作协调能力，诱发头晕、头痛、精神涣散、情绪不稳定、记忆力减退等症状。

除上面所说的危害以外，青少年饮酒还会使自制力减弱，容易借酒闹事、打架斗殴，扰乱社会秩序，甚至造成恶劣影响。由此可见，在青春期喝酒不利于健康成长，所以应和酒说再见，积极地拥抱健康。

## 每个人都适合戴隐形眼镜吗？

隐形眼镜，顾名思义，妙在"隐形"。隐形眼镜既有矫正视力的功能，同时又解决了框架眼镜带来的不便，所以戴隐形眼镜已成为当今青少年的时尚。然而，青少年需要注意，隐形眼镜并非人人适用。哪些人不适合戴隐形眼镜呢？

其一，中小学生。由于他们正处在生长发育旺盛时期，眼球视轴尚未定型，所以若过早佩戴隐形眼镜或者较长时间连续佩戴，则易产生角膜缺氧和生理代谢障碍等副作用。此外，如果镜片清洗消毒不严格，还会继发感染；若镜片的曲率半径与角膜不相适应，还会造成角膜磨损，严重者甚至会导致角膜溃疡或穿孔。所以建议中小学生若没有特别需要，还是以戴框架眼镜为宜。

其二，过敏患者。有过敏症的人佩戴隐形眼镜容易引起一系列并发症，比如眼睛瘙痒、红肿等。如果过敏患者必须佩戴隐形眼镜，建议最好只在白天使用并且每周至少有一天暂停使用。佩戴隐形眼镜过程中如果出现炎症，最好停止佩戴。如果炎症仍未减轻，就应立即到医院就诊。

其三，青光眼、慢性泪囊炎、结膜炎、角膜溃疡、甲亢等疾病患者。如若已配有隐形眼镜，而眼睛正处在炎症期，就要待炎症消失后再戴。

其四，感冒患者。感冒时，人体的免疫力下降，眼睛的抵抗力也会下降。如果隐形眼镜透气性不够，戴镜时泪液分泌减少，细菌就会大量繁殖，细菌的代谢产物就会沉积在角膜与镜片之间，致使角膜正常的代谢受到干扰，从而引起细菌性角膜溃疡。

其五，长时间骑行者。在骑行过程中，空气的对流速度加快，会使软性隐形眼镜的水分减少，镜片逐渐干燥变硬，这样眼睛会感到不适。时间一长，变硬的镜片就会损伤角膜，极易引起眼睛疼痛或细菌感染。

所以，在选择一副好的隐形眼镜之前，最好先经过医师的检查，再决定是否佩戴隐形眼镜。

## 青少年为什么易患神经衰弱？

神经衰弱是一种功能障碍性病症。通常同时表现在精神和躯体两个方面，以易于兴奋又易于疲劳为特征，而且常伴有注意力不集中、记忆力减退、头昏、头痛、失眠等生理功能紊乱症状。近年来,青少年神经衰弱呈逐年增多的趋势。

相关专家指出,神经衰弱是由于精神负担过重,长期过度紧张造成大脑的兴奋与抑制机能失调。而青少年神经衰弱,主要原因是学习压力、课业负担、生活挫折、人际矛盾等等,以及由这些引起的长期的、难以缓解的心理冲突。

如果青少年在过重的学习或工作压力下,连续长时间加班加点,牺牲休息时间,不懂得劳逸结合的重要性,就容易造成持续的精神过度紧张和疲劳;有些青少年极为好强,给自己设定的目标和任务不切实际,所以常难以完成,由此加大思想负担;还有的青少年时间安排无计划,生活、学习杂乱无章,一会儿想起这件事,一会儿又匆忙开始另一件事,效率低,短时内紧张刺激过大,这样很快就造成用脑过度。这些都是造成青少年神经衰弱的重要原因。

另外,专家指出,神经衰弱的青少年患者通常在性格方面也存在一定的弱点,比如他们一般会比较主观、任性、急躁、要强,其中有的人还比较自卑、多疑、懦弱、内向。

由此可见,青少年神经衰弱主要是由心理压力和自身性格弱点所导致的。所以,要减轻和防止神经衰弱对青少年的危害,就要及时对青少年进行心理辅导,或者安排心理医生对其进行心理治疗,减轻其心理负担。

神经衰弱的青少年患者怎样才能休息好呢?首先,要在心理上得到休息,也就是精神放松,学会有节奏地学习,什么事情要拿得起,又要放得下。其次,要调整好脑力与体力的关系。当用脑时,脑细胞处于紧张状态,而四肢的肌肉或细胞则在休息;而当运动时,肌肉或细胞就处于紧张状态,而脑细胞则在休息。因此,青少年要适当注意体育锻炼,以便在体育活动时,让脑细胞得到休息与调整,这也是恢复神经功能的好方法。

由于神经衰弱不是脏器缺损,因此不必用补药。如果一定要补,那么药补不如食补,注意饮食营养就是了。

## 为什么青少年会白头?

年纪大了,头发渐渐变白,这是人人都能理解的生理现象。但是,有些青少年也长出了白发,这是为什么呢?难道他们也衰老了吗?

首先,我们要搞明白我们的头发为什么是黑色的。毛发根部的毛囊内含有黑素细胞,它们可以生成大量的黑素颗粒,源源不断地输送到毛发中去,使之变黑。所以,黑素颗粒越多,头发就越黑,黑素颗粒减少时,头发的颜色就会变浅,甚至变白。

有哪些因素可以使黑素细胞或者黑素颗粒减少呢?

1. 年龄因素

随着年龄的增长,身体的各种机能均下降,黑素细胞合成黑素颗粒的数量就随之减少,头发渐渐变白。

2. 遗传因素

有的家庭有少年白头的家族史,在他们的染色体中可能存在破坏黑素细胞的基因。目前,对于这种遗传性的少年白头尚无有效的治疗方法。

3. 营养因素

饮食中缺乏多种维生素或者缺乏铜、锌等微量元素,都可以影响黑素颗粒的合成,使头发变白,并且干枯、易断。

4. 环境因素

经常接受日光的暴晒,或者经常使用高温的吹风机吹头发,或者接触有毒的工业粉尘、化学物质等,也可以使头发变白。

5. 精神因素

自古就有"笑一笑，十年少；愁一愁，白了头"的谚语，也有伍子胥为过昭关而一夜愁白了头的传说。由此可见，我国人民很早就认识到了精神因素与白头的关系。现代科学研究也证明，精神高度紧张，心理压力过大，都会影响黑素细胞的代谢，从而导致头发变白。

由此可见，头发变白的原因是多种多样的，我们可以根据具体情况进行相应的处理。尤其应该保持心胸开阔，注意防止精神因素导致的白发。

## 为什么忌用再生塑料制品盛放食品？

目前，市场上出现了不少用于包装或盛放各种食品、药物的塑料制品，这些都是用符合相关标准的聚乙烯、聚苯乙烯、聚丙烯等塑料做成的。而聚氯乙烯、酚醛（电木）等塑料却是有毒的，因此大都用它们制作鞋底、雨衣、手提包、管材、电器零件等。

现在，使用面越来越广泛的再生塑料袋的问题也日益浮出水面，开始引起大家的关注。这种再生塑料袋用来包装或盛放食品，对人体的危害是隐蔽的、长期的、慢性的，可引起一些急性或慢性疾病，甚至癌症。

再生塑料袋是指将回收的塑料再利用，经一定的制作工艺形成的塑料包装袋。

再生塑料袋的生产原料来源极其复杂，不可避免地含有不能用于包装食品的聚氯乙烯成分，或含有其他未知的毒物及大量肉眼无法见到的微生物病菌。用来包装或盛放食物会污染食物，对人体健康的危害是极其巨大的。

废旧塑料原料在加工成再生塑料袋的过程中，会加入增塑剂以及塑料稳定剂（如硬脂酸铅）。因再生塑料袋工艺简陋，用这种再生塑料袋盛装含油食品、酒精类食品或温度超过60℃的食品，袋中的有害物质很容易溶入食品中，造成人体积蓄性中毒，对人体肝、肾及神经系统造成极大的危害。

在生产再生塑料袋的过程中，有的厂家为掩盖原料杂质多而加入着色剂，所以出现了各色各样花花绿绿的塑料袋。其渗透性、挥发性较强，遇油、热时易渗出。若是有机着色剂，还含有苯并芘等强致癌物，接触食品，会对人体造成危害。

有的再生塑料袋生产中加入大量的碳酸钙及滑石粉等填充料，卫生指标蒸发残渣大大超标，盛装食物时易析出沾到食物上，进入人体后导致胆石症等的发生。

有的再生塑料袋有一股刺鼻的气味，释放出有毒气体，易侵入食物，危害人体健康。

## 在公共场所应该注意哪些卫生问题？

公共场所人多，空气比较污浊。那么，空气为什么污浊？在污浊的空气中都含有些什么东西？

其中有人们呼出的二氧化碳，有从呼吸道带出的细菌和病毒，也有因人们走动而扬起的灰尘颗粒及存在于灰尘中的细菌等。

在这些细菌中，有一些是致病菌。所以，呼吸了这样的空气，就有可能沾染致病菌，引起呼吸道的疾病，并通过呼吸道引起全身性的疾病，如流行性感冒、麻疹、水痘、腮腺炎、脑膜炎、白喉、百日咳等。所以我们应该注意：

1. 如果你的体质比较弱，缺乏抵抗力，要少去或者不去公共场所，以减少患病的危险。

2. 如果你正在生病，更不要去公共场所。一方面是因为病中身体的抵抗力不强，容易感染其他疾病；另一方面是因为你所携带的细菌也会污染环境，传染别人。

3. 在公共场所咳嗽或打喷嚏时，要用手绢捂住口、鼻，以防细菌扩散。

4. 不要随地吐痰，因为痰中含有细菌，在地上干燥后可随尘埃飘浮在空气中，并通过呼吸道传播疾病。

5. 使用公用物品时，嘴不要离太近，那样容易沾染上细菌。更不要随便用别人用过的手帕、毛巾、杯子等物品。

## 怎样预防拉肚子？

拉肚子又称"腹泻"。一般来说，大便次数增多，或发生性状改变，如大便呈水样、蛋白样、脓血样等，即为腹泻。腹泻的病因多是吃了不卫生或腐败的食物而引起的肠道细菌感染，或食物中毒所致的急性胃肠炎或细菌性痢疾。其他消化道疾病也可引起腹泻。一旦腹泻，要及时去医院检查、治疗。

那么，怎么预防拉肚子呢？

1. 饭前便后要洗手；不喝生水；生吃蔬菜、瓜果要洗净，以防细菌侵入胃、肠道，引发细菌性痢疾。

2. 不要暴饮暴食，少吃生、冷、硬及酸、辣食品。养成良好的饮食习惯，一日三餐要定时定量，以防急、慢性肠胃炎的发生。

3. 夏季是腹泻发病的高峰期，要格外注意饮食卫生。尽量不到公共场所去吃饭；不吃过夜或变质食品，以防细菌性痢疾的发生。

4. 有些蔬菜，如扁豆，一定要煮熟或炒熟再吃，以防食物中毒。

## 如何防治冻疮？

到了冬天，有时我们能看见有些人的手、脚红肿、起水疱或溃烂，这就是冻疮的表现。冻疮是寒冷季节易发生的皮肤病，常在面部、手、脚、耳朵等暴露部位发生。初时为局限性红斑或青紫色肿块，伴有痒、灼热或刺痛感，暖后尤甚。较严重者可出现水疱、溃烂，有明显疼痛，还可继发细菌感染，形成化脓性改变。冻疮的病程缓慢，可绵延数日或数周，气候转暖可自愈，但第二年冬季可再发。

治疗冻疮可外用冻疮膏等。出现溃烂情况时，可遵医嘱外用消炎防腐的软膏涂擦，如新霉素软膏、鱼石脂软膏等。如合并化脓性改变，要遵医嘱口服或注射抗生素。

预防冻疮措施：寒冷季节注意保暖，及时更换或烤干潮湿的手套及鞋袜，鞋袜不可过紧；坚持体育锻炼，睡前用热水泡手足，易受冻部位可擦凡士林或其他油脂类护肤品，以保护皮肤。

## 怎么防治口腔溃疡？

口腔溃疡多见于口腔黏膜及舌的边缘，常是白色溃疡，周围有红晕，十分疼痛。特别是遇酸、咸、辣的食物时，疼痛更加厉害，让人连美味佳肴都不愿品尝。虽是口腔小疾，却令人痛苦不堪，甚至坐卧不宁，寝食不安，情绪低落。

口腔溃疡与以下因素有关：

1. 消化系统疾病及功能紊乱，如胃溃疡。

2. 内分泌变化，如有些女性往往在月经期发生口腔溃疡，可能与体内雌激素水平下降有关。

3. 精神因素，如有的患者在精神紧张、情绪波动、睡眠状况不佳的情况下发病。

4. 遗传因素。若父母双方均患有复发性口腔溃疡，其子女有80%～90%的患病概率；若双亲之一患此病，其子女有50%～60%的患病概率。

5. 其他因素，如缺乏维生素，可降低免疫功能，增加复发性口腔溃疡发病的可能性。

针对以上发病原因，预防口腔溃疡的措施如下：

1. 进行心理调节，自解烦恼，宽容自慰，与人和睦共处，乐观向上。

2. 消化不良者，应限食或少量多餐，进食易消化、富含维生素的食物。不可偏食，多吃蔬菜、水果，注意营养搭配。

3. 注意保持口腔卫生，局部用药。早晚刷牙，饭后漱口。已有溃疡者，可用洗必泰漱口液或复方硼砂含漱液等含漱，每日3～4次，每次10毫升，含5分钟后吐弃。再用口腔溃疡消炎薄膜，剪成溃疡面大小，贴于溃疡上，待其自然化解。

若病情较重，可考虑全身治疗：

1. 在溃疡发作时，补充维生素A、维生素$B_2$、维生素C等，提高机体的自愈能力。

2. 使用抗生素类药物。当溃疡有继发感染时，可遵医嘱适当服用抗生素类药物。

3. 使用调整免疫功能的药。在溃疡数目多，不断复发时，可考虑在医师指导下服用药物，提高免疫功能，减少复发。

## 抗生素能预防疾病吗？

由于抗生素对细菌感染引起的疾病有特效，使其不仅在临床上广泛应用，不少家庭也备有一些抗生素，用来治疗和预防感冒等常见病。

抗生素究竟有没有预防疾病的作用呢？要搞清楚这个问题，首先必须了解抗生素的作用机制。

抗生素一般是通过破坏细菌的细胞壁、细胞膜，或者通过干扰细菌蛋白质的合成来达到杀灭细菌的目的，并不能提高人体抵抗细菌的能力。也就是说，体内有细菌大量繁殖时，抗生素才有用武之地；体内没有细菌时，抗生素并不能贮存起来等细菌进入体内后再发挥作用，而是很快就排出体外了。所以，提前用药（间隔的时间较长）并没有什么作用。

而且抗生素的种类很多，每一种抗生素都只能对特定种类的细菌发挥作用，而不是对所有的细菌都有效。因此，如果不了解抗生素的抗菌谱，盲目地用药，不但不能杀死细菌，反而会产生一些不利的影响：

1. 使细菌产生抗药性

细菌的适应性很强，接触抗生素后很容易产生抗药性。而且这种抗药性可以在细菌之间传播，使许多细菌都产生抗药性，让人失去有效的杀菌措施，从而导致传染病的流行。

2. 对人体产生毒副作用

抗生素不仅有杀菌的作用，对人体也有一定的毒副作用。比如，刺激胃肠黏膜，损害肝脏、肾脏的功能，抑制骨髓的造血功能，破坏听神经等。

所以，一般情况下不要随便乱用抗生素。如果已经接触了细菌或带菌的人，自己很有可能被感染，应该在得到医生的指导后再用药。

## 怎样预防中暑？

要预防中暑，首先了解一下重症中暑的类型。

1. 长时间身处高温环境中，身体散热困难，热量积蓄体内，体温调节发生障碍，使人发高烧，同时出现头痛、头晕、心跳加速等症状，这叫作"热射病"。

2. 人体的汗水里含有一定量的盐，大量出汗会使身体丢失许多盐。如果失盐过多，肌肉就会酸痛，甚至发生痉挛，这叫作"热痉挛"。

3. 高温引起外周血管扩张和大量水分流失，使循环血量减少，从而导致颅内暂时性供血不足而发生昏厥的疾病叫作"热衰竭"。

为了预防中暑，外出时要戴上太阳帽或打伞，以防强烈的阳光暴晒，并注意定时休息和补充水分。出汗过多时，要多喝些盐水或清凉解渴的果汁，以保证身体的水和电解质平衡。

一旦有中暑征兆，就尽快到阴凉处休息，用毛巾敷在头上，喝一些十滴水或藿香正气水，或者服点仁丹。

当然，如果是很严重的中暑，则只能火速到医院抢救，不可延误时间。

## 春季应该注意些什么？

春回大地，天气渐暖，空气也比较湿润，这正是百草出芽的大好季节，也是细菌等微生物繁殖、传播的大好时机。因此，人们在春季是比较容易生病的。上呼吸道感染、肺炎、流行性脑膜炎等疾病大都是通过呼吸道传染的，所以春季要特别注意加强呼吸道的卫生，防止发生呼吸道传染病。除此之外，还应该注意什么？

1. 在疾病流行期间（如流行性感冒、流行性脑膜炎），少去公共场所。必须外出时，应采取相应的防护措施，如戴口罩等。

2. 注意室内空气流通、消毒，最简便易行的方法是经常开窗通气。

3. 注意增减衣服。天气虽然渐渐变暖，但寒热不一，乍暖还寒，不要骤减衣服，要遵循"春捂秋冻"的原则。

4. 增加室外活动，加强运动，加快身体的新陈代谢，提高抗病的能力。

## 夏季应该注意些什么？

夏季气候炎热，人体的新陈代谢旺盛，出汗多，食欲差。因昼长夜短，睡眠也较少。所以，稍有不慎就容易生病，应该注意日常的饮食起居。

1. 把事情尽量安排在早、晚天气比较凉爽时做，中午安排一定的时间午休，这样可以缓解因睡眠少而引起的疲劳。

2. 睡觉时，不要让电风扇直对着身子吹，使用空调时也不要把温度调得过低。因为人体在炎热时皮肤的毛孔是张开的，毛细血管也处于扩张状态，骤然降温容易引起伤风感冒，有时甚至会引起肌肉或关节的不适。

3. 注意饮食调理。因皮肤血管扩张，胃肠道的血流减少，消化功能相应降低，食欲较差。所以，饮食要清淡，多食荤素搭配的汤类和粥类（如海米冬瓜汤、丝瓜肉丝汤等），其中的营养较易吸收。还应适当进食西瓜、绿豆汤等消热解暑之物，但切忌暴食冷饮及生冷瓜菜等。

4. 注意饮食卫生，防止痢疾等消化道疾病的发生。夏季气候炎热，细菌繁殖很快，容易污染食物。加上夏季饮水多，冲淡了胃液，降低了其杀菌作用，容易引起消化道疾病。所以，夏季要尤其注意食品卫生。

5. 多喝水，出汗多时尤其应该注意补充水分。此时不能只喝白开水，要适当加些盐，因为汗液中不仅仅是水分，还含有钠离子等。出汗多时，既丢失了水，也丢失了钠离子，不能只补水不补钠。

6. 注意勤洗澡、勤换衣，以防出痱子。痱子可以引起皮肤瘙痒，抓挠时如出现破损，还会引起感染，形成疖肿。如不及时治疗，感染扩散后还有引起败血症的危险。

## 秋季应该注意些什么？

秋季是一年四季中气温波动较大的一个季节。许多人很难适应气温的急剧变化，疾病便纷至沓来。怎样依据秋季的气候特点预防疾病的发生呢？

1. 薄衣防感冒。不要秋风刚起，就把自己严严实实地包裹起来。要适当少加衣服，进行耐寒锻炼。这里所说的少加衣服，是以稍稍感到凉意为度，不要让自己过分受冻。稍稍感到有些凉时，身体的毛孔会处于关闭状态，抗寒能力就相应增强了，对于预防感冒很有好处。

2. 调节饮食，去除秋燥。秋季气候干燥，常常感到口渴、咽干、皮肤干燥、大便干结，应多食滋阴润肺之物，如百合煮粥、麦冬煎茶、鸭梨炖羹，均可滋阴生津，改善秋燥引起的机体功能失调的状况。

3. 注意补充营养。夏季因气候炎热，食欲很差，人们摄入的营养往往较少。而夏季身体的消耗又比较多，这样就在营养方面形成了亏空。进入秋季后，要及时补充营养，才能提高抗病的能力。

4. 根据自己的实际情况,用冷水洗脸,这样既可以去除秋季的湿热,也可以增强身体的耐寒能力,防止疾病的发生。

## 冬季应该注意些什么?

冬季气候寒冷,人们在室内的时间相应增多。为了御寒,人们习惯把门窗紧闭,有的甚至连窗缝也用封条封上。这样,室内的空气很难流通。实验证明,在相对静止的空气中,带有细菌、病毒的飞沫要经过很长时间才能消失,有的甚至可以在空气中飘浮30个小时。人在室内停留的时间长,室内的空气中又含有许多细菌,自然就容易患呼吸道传染病。

所以,在冬季要注意室内的通风,养成每天早晨起床后开窗通风的习惯。家中有人患感冒等呼吸道传染病时,要注意室内空气的消毒,以防疾病在家中流行。

还要注意增加室外活动的时间。在室外活动不仅可以呼吸新鲜空气,还可以接触到足够的阳光,利于保持身体健康。同时,应该加强耐寒锻炼,提高呼吸道的抗病能力。在饮食方面,许多人也存在误区。他们认为冬季天气寒冷,应该多吃温热性食品。其实,冬季的人体是外寒内热,应该像秋季那样多吃一些养阴生津的食品。

另外,由于冬季皮肤血液循环差,皮脂腺的分泌也减少,容易出现手足皲裂。所以,应注意使用油性护肤品保护皮肤。

## 如何预防颈椎病?

颈椎病是一种综合征,又称"颈椎综合征"。颈椎病是一种以退行病理改变为基础的病患。一般来说,长期低头伏案工作、学习的人容易得颈椎病。低头伏案使颈椎长时间保持固定的前倾姿势,这样不仅使颈椎间盘内的压力增高，而且颈后部肌肉和韧带易受牵拉损伤，椎体前缘相互磨损，非常易于发生颈椎病。颈椎病患者随着年龄的递增而成倍增加，轻度患者病痛明显，重者可致残。因此，预防颈椎病越早越好，青少年时期要尤为注意。

预防颈椎病其实主要是减缓颈椎间盘退变的进程，而不良睡眠体位、不当的坐姿、不当的体育锻炼方式等都是导致颈椎骨关节退变的常见原因。因此，我们预防颈椎病可以从以下几方面着手。

第一，改变睡眠条件和姿势。我们每天大约有 1/3 的时间在床上度过，睡眠姿势不当会加剧颈椎间盘内的压力，使颈椎周围韧带、肌肉疲劳，诱发颈椎病。为使颈椎在睡眠中保持正常生理曲线，大家可遵循以下几点建议：

1. 枕头的高度应适中。枕头的形状以中间低、两端高的元宝形为佳，这种形状对颈部可起到一定的制动作用。

2. 睡眠体位应注意使胸部、腰部保持自然曲度，双膝呈屈曲状，这样的体位可使全身肌肉得到放松。

3. 在选择床铺时，以能保持脊柱平衡的床铺为佳。

第二，纠正和改变工作中的不良体位。颈椎退变与长时间保持不良体位有密切关系，不良体位会导致椎间盘内压增高，从而引起一系列症状。以下是给长时间持续伏案工作、学习的青少年朋友的两条建议：

1. 定期改变头、颈部体位，读书、写字超过 30 分钟后应活动颈部，并抬头远视半分钟，这样既有利于缓解颈肌紧张，又可消除眼睛疲劳。

2. 调整桌面高度与倾斜度。使用与桌面呈 10°到 30°的斜面工作板，这样能减轻伏案工作时颈椎前屈程度和颈椎间隙内的压力。

第三，自我牵引疗法。每当颈部、肩、背感到疼痛时，可自我牵引颈部减轻症状，具体方法为：双手托住枕部，然后将头后仰，双手逐渐用力向上持续牵引 10 秒钟左右，重复 3 到 5 次。

## 如何有效预防沙眼？

沙眼是由沙眼衣原体引起的一种慢性传染性眼病。沙眼的早期症状并不明显，故不容易引起注意。较严重的沙眼，会引起各种合并症和后遗症，如果不积极治疗，任其发展，会严重影响视力，甚至失明。

当患上沙眼时，会出现眼内发痒、流泪、有异物感等症状。如果对镜自照，可看到上眼睑及上穹窿部眼结膜充血发红、血管模糊等。

引起沙眼的病原体是介于细菌和病毒之间的沙眼衣原体，治疗时，可遵医嘱选用一些中西药物制成的眼药水来滴入眼中。

沙眼主要为接触性传染病，因为沙眼衣原体常附在病人眼睛的分泌物中，任何与此分泌物接触的情况，如接触患者的手及其使用过的毛巾、手帕、脸盆、水等，都可能造成沙眼传播。所以，预防沙眼应该从注意个人卫生和公共卫生做起，避免接触传染。要养成良好的眼部卫生习惯，不用脏手或脏手帕揉眼，更不用公共毛巾和脸盆，切忌与沙眼患者握手、打闹等。此外，要用流动水洗手，平时还要注意桌面等环境的清洁卫生。

## 食物中毒的原因及类型有哪些？

大家在合理安排膳食的同时，还应该预防食物中毒。针对不同的食物中毒，治疗方法是不一样的，因此我们必须区别各类食物中毒的症状，了解中毒原因，才能进行有效的预防和治疗。

食物中毒是指健康人摄入了含有生物性或化学性毒素的食物或含有动植物天然毒素的食物而引起的，以急性感染或中毒为主要临床症状的疾病。而食源性寄生虫病、食源性过敏、暴饮暴食或摄入非可食状态的食物所致的急性胃肠炎均不属于食物中毒。

食物中毒的原因有很多,主要有:

1. 食品原料不合格,可能本身有毒或禽畜在宰杀前就是病禽、病畜,或受到大量活菌污染,或食品已经腐败变质。

2. 加工烹调不当,如肉块太大,内部温度不够,细菌未被杀死。

3. 食品在生产、加工、运输、储藏、销售等过程中不注意卫生,生熟不分造成食品污染,食用前又未充分加热处理。

4. 食品保藏不当,致使食品中亚硝酸盐含量增高、食品霉变等,这些都可造成食物中毒。

5. 食品从业人员本身带菌,个人卫生习惯不好,造成对食品的污染。

6. 有毒化学物质混入食品中并达到中毒剂量。

食物中毒一般多按病原分类,常见的食物中毒有以下几类:

第一类是细菌性食物中毒。细菌性食物中毒是指人们摄入含有细菌或细菌毒素的食品而引起的食物中毒。

引起食物中毒的原因有很多,其中最主要、最常见的原因就是食物被细菌污染。相关食物中毒统计资料表明,我国细菌性食物中毒占食物中毒总数的50%左右,而动物性食品是引起细菌性食物中毒的主要食品,其中肉类及熟肉制品居首位。另外,变质的奶、剩饭等,也能引起食物中毒。

人吃了被细菌污染的食物并不是都会发生食物中毒。细菌污染了食物并在食物上大量繁殖,达到可致病的数量或产生致病的毒素,人吃了这种食物才会发生食物中毒。

如果食物的储存方式不当或在较高温度下存放时间过长,食品中的水分及营养条件就会使致病菌大量繁殖。但如果食前彻底加热,杀死病原菌的话,也不会发生食物中毒。

细菌性食物中毒的发生与不同区域人群的饮食习惯有密切关系。美国人多食肉、蛋和糕点，葡萄球菌食物中毒人数最多；日本人喜食生鱼片，副溶血性弧菌食物中毒人数最多；我国的人食用畜禽肉、禽蛋类较多，沙门氏菌食物中毒人数居首位。

引起细菌性食物中毒常见的细菌有沙门菌、葡萄球菌、大肠杆菌、肉毒杆菌等，这些细菌可直接生长在食物当中，也可经过食品操作人员的手或容器污染食物。当人们食用这些被污染的食物时，有害菌所产生的毒素就可引起中毒。

每至夏天，各种微生物生长繁殖旺盛，食品中的细菌数量较多，加速了其腐败变质；加之人们贪凉，常食用未经充分加热的食物，所以夏季是细菌性食物中毒的高发季节。

第二类是真菌性食物中毒。真菌在谷物或其他食品中生长繁殖产生有毒的代谢产物，人和动物食用这种毒性物质发生的中毒称为真菌性食物中毒。用一般的烹调方法加热处理不能破坏食品中的真菌毒素。因真菌生长繁殖及产生毒素需要一定的温度和湿度，所以中毒往往有比较明显的季节性和地区性特点。

第三类是有毒动植物性食物中毒。某些动植物含有天然毒素，人若误食或加工方法不当，就会中毒，如河豚中毒、毒蕈中毒、木薯中毒、鲜黄花菜中毒等。外来污染和存放不当，也会导致食物中毒，如蜂蜜中毒、鱼类组胺中毒。

第四类是化学性食物中毒。摄入含有化学性毒素的食品引起的食物中毒称为"化学性食物中毒"，主要包括：

1. 误食被有毒的化学物质污染的食品造成中毒。

2. 摄入添加了非食品级的、伪造的或禁止使用的食品添加剂的食品以及超量使用食品添加剂的食品而导致的食物中毒。

3. 因储藏不当等原因造成营养素发生化学变化的食品，如油脂酸败造成中毒。

化学性食物中毒的发病特点：发病快，潜伏期短，一般进食后不久发病；群体性发病，病人有相同的临床表现；剩余食品、呕吐物、血和尿等样品中可测出有关化学毒物。

在处理化学性食物中毒时，应突出"快"字！及时处理不但对挽救病人的生命十分重要，同时对控制事态发展，特别是对群体性中毒和一时尚未查明化学毒物的情况尤为重要。

## 如何分辨和判断食物中毒？

虽然食物中毒的原因不同，症状各异，但一般都具有如下流行病学和临床特征。

第一，有进食有毒物质的条件，即进食过不洁、有毒或化学物质污染的食品。

第二，有中毒的表现。食物中毒的表现主要有以下几个方面：

1. 潜伏期短，一般由几分钟到几小时。摄入"有毒食物"后，短时间内出现一批病人，来势凶猛，很快形成发病高峰，呈暴发流行。

2. 病人临床表现相似，且多以急性胃肠道症状为主，有恶心、呕吐、腹痛、腹泻，部分患者可有发热、便血、头晕、乏力，甚至抽搐、肌肉麻痹、意识模糊等表现。

3. 发病与摄入某种食物有关。病人在近期同一段时间内都食用过同种"有毒食物"。发病范围与食物分布呈一致性，病情轻重与摄入的食品量呈正相关性，即摄入越多，症状越重。因中毒者体质不同，也可出现食量少而病情重的情况，但必定是进食过此种食物。不食者不发病，停止食用该种食物后很快不再有新病例。

4. 病程较短，多在数天内好转，人与人之间不传染。

5. 有明显的季节性，如夏、秋季多发生细菌性和有毒动植物食物中毒，冬、春季多发生肉毒中毒和亚硝酸盐中毒等。

第三，食物中毒与其他疾病鉴别。食物中毒的症状看上去和某些疾病类似，但是还是有一定区别的。

1. 霍乱以先泻后吐为多，一般无明显腹痛且不发热，大便呈米泔水样。霍乱的潜伏期可由数小时至5日，以1~2日最为常见。大便涂片荧光抗体染色镜检及培养可见霍乱弧菌，可确定诊断。

2. 急性菌痢偶见食物中毒型暴发。一般常有发热、里急后重，粪便多混有脓血，下腹部及左下腹明显压痛，大便镜检有大量白细胞和红细胞，大便细菌培养约半数有痢疾杆菌生长。

3. 病毒性胃肠炎是由多种病毒引起的，如诺如病毒、轮状病毒。主要表现有发热、恶心、呕吐、腹痛及腹泻，排水样便，吐泻严重者可发生水、电解质及酸碱平衡紊乱。

食物中毒有一个最佳的就诊时机，当中毒者呕吐频繁，腹泻剧烈，伴发热、便血等症状，均应及时就诊，以免延误病情。

有头痛、眼肌麻痹以及中枢神经系统症状者，症状较重者或化学性食物中毒者，应紧急拨打120电话呼救或尽快送往医院急救。

## 食物中毒应该怎样做紧急处理和预防呢？

一般来说，进食量少，仅有恶心等轻微不适者，停止进食可疑食物，适当休息，给予易消化的流质、半流质饮食及对症药物即可。一旦有人出现上吐、下泻、腹痛等食物中毒症状，首先应立即停止食用可疑食物并立即封存、保留呕吐物等，以备卫生检疫部门或就诊医院检验处理。如多人食物中毒，应严格按有关法规及时向当地疾病控制中心报告，以便及时进行处置，防止病情扩散。在就诊前，可采取以下自救措施：

1. 催吐

如食物吃下去的时间在 1 至 2 小时内，而且食用者无明显呕吐症状，可采取催吐的方法。立即取食盐 20 克，加温开水 200 毫升，一次喝下。如不吐，可多喝几次，迅速促进呕吐。还可用筷子、手指或鹅毛等刺激咽喉，引发呕吐。如果经大量温开水催吐，呕吐物已为较澄清液体时，可适量饮用牛奶，以保护胃黏膜。如果呕吐物中发现血样液体，则表示消化道可能出血了，应暂时停止催吐。

2. 导泻

如果病人吃下有毒食物的时间超过 2 小时，且精神尚好则可服用些泻药，促使有毒食物尽快排出体外。一般用适量的大黄和番泻叶煎服，或用开水冲服，亦能达到导泻的目的。

如果经上述急救，病人的症状未见好转，或中毒较深者，应尽快送去医院治疗。在治疗过程中，要给病人以良好的护理，尽量使其安静，避免精神紧张。病人要注意休息，防止受凉，同时补充足量的淡盐水。

控制食物中毒的关键在于预防，搞好饮食卫生，防止"病从口入"。

那么，应该如何预防食物中毒呢？

1. 不吃病死禽畜肉或变质食品；不吃被有害化学物质或放射性物质污染的食品；不生吃海鲜、河鲜、肉类等；不吃毒蘑菇、河豚、生的四季豆、发芽土豆、霉变甘蔗等。

2. 生、熟食品应分开放置，避免交叉污染。冷藏食品应保质、保鲜，动物食品食前应彻底加热煮熟，隔餐剩菜食前也应充分加热。

## 患上咳嗽应如何自我救护？

咳嗽是呼吸道感染或受刺激时的明显症状。通过咳嗽可把气管内的异物或分泌物排出体外，以保持呼吸道通畅。呼吸道感染时，如过早应用止咳药物，甚至中枢性镇咳剂，会使痰液停滞在气管内，给感染扩散提供条件。所以，早期咳嗽是不宜用镇咳药物的。

依据持续的时间和咳出物，我们可以判断咳嗽的病因：突发性的咳嗽往往是吸入了异物引起的保护性咳嗽；感冒引起的咳嗽往往持续数天；慢性、持续性的咳嗽多是病理性的，病因可能是吸烟、变态反应、哮喘、气管炎、慢性支气管炎、肺气肿、肺结核、肺癌等。

从咳出物的性质、颜色、黏稠度可判断我们所患疾病的性质和严重程度。一般来说，若干咳、肌肉痛、发热，体温超过39℃，头痛、咽喉痛，可能为流感；若痰变为黄绿色，则提示病菌已上行感染，多是上呼吸道感染、支气管炎等；若咳嗽伴有呼吸困难、喘息、胸闷，可能为支气管哮喘；若咳出粉红色血痰或是黄色铁锈样痰，并伴有胸痛、头痛、发热、呼吸困难等，则可能是感染了肺炎。

咯血是一种严重症状，如果发生这种情况，应立即去看医生。它潜在的病因有可能很严重，也可能并不严重，所以必须去医院进行系统检查。有时牙龈出血、鼻出血可能被误以为是咯血，需正确分辨。咯血最常见的原因是感染，如支气管炎、肺结核、肺炎等，肺癌、血友病也会大量咯血。

那么总是咳嗽，我们怎么办呢？

1. 依靠机体自身的力量

一般来说，咳嗽并非致命疾病，如果只是干咳、鼻塞、喉咙痛等轻微感冒症状，则无需服药，让机体自身的免疫系统来对付就行了。其实，偶尔的感冒对提升我们的机体免疫力不无好处。滥用镇咳药不仅降低机体清洁呼吸道的功能，而且可能会掩盖严重的疾病，这种危害在大量咯痰时更为严重。

2. 有选择地服用药物

一般来说，细菌引起的咳嗽可用抗生素来治疗，但对于病毒性的感冒，抗生素不起作用。若感冒病人的痰液黏稠，可使用祛痰药以减少痰液分泌。干咳的病人可使用润喉片、甘草片或止咳糖浆来缓解咳嗽。但无论使用哪一种药，都不要服用太长时间，而且必须在医生的指导下服用。

3. 大量饮水

摄取大量的水有助于稀化黏痰，使其容易咳出，白开水、梨汁、萝卜汁等都是止咳的"良药"，每天不妨喝几杯，但注意不要加糖和盐。如果想喝甜的，可以加一点蜂蜜，蜂蜜有润肺通便的作用，有利于症状的减轻。尽量避免饮用含有咖啡因和酒精的饮料，因为这些饮料有利尿的作用，会使体液消耗过快。

4. 保持空气湿润

增加室内的空气湿度有助于减轻咳嗽、喉咙痛、鼻腔干燥等不适，可以使用加湿器或茶壶烧水加湿。

5. 垫高枕头

如果咳嗽让你辗转难眠，有一种缓解的办法可以帮助你，试试将枕头垫高20厘米，侧卧而眠。它可以防止黏液积聚，也可以防止胃中有刺激性的酸性物质返流到食管，进而吸入。

6. 指压治疗

严重的咳嗽可导致背部肌肉收缩甚至痉挛，此时按压肺经尺泽穴可缓解咳嗽。

7. 平衡饮食

平时应注意不要食用辛辣刺激的食物，以免加重病情。同时，还应注意补充蛋白质及各种维生素，以帮助机体早日康复。

8. 及时就医

## 怎样正确处理伤口？

正确处理伤口，可使伤口迅速愈合，避免局部感染、化脓和并发全身性疾病。因此，掌握一些处理伤口的知识是十分必要的。

这里说的"伤口"，是专指外伤所造成的伤口。外伤所致的伤口有两种形式：表面皮肤、黏膜没有破损（闭合性伤）；表面皮肤、黏膜有破损（开放性伤）。如果仅是表面皮肤、黏膜破损，由于没有什么明显的症状，伤者常不以为意。但事实上，皮肤、黏膜的破损已使机体正常的防线出现了缺口。

众所周知，许多足以威胁人类健康和性命的致病微生物和毒物，在人体的皮肤、黏膜完整时，是不能通过皮肤、黏膜侵入人体为害的。例如，麻风分枝杆菌、艾滋病病毒、破伤风杆菌……都不可能穿越正常的皮肤、黏膜屏障。就连几分钟内可致人于死地的蛇毒，对完好的皮肤也发挥不了很大的毒副作用。

然而，一个小小的伤口，就足以使上述那些危害人体健康、威胁生命安全的微生物进入体内。大家都熟知的白求恩大夫，在抢救伤员时划破了手指，但他为了抢时间救治伤员，没有及时处理自己受伤的指头，结果细菌就从那小小的伤口侵入他的体内，最终导致白求恩大夫不幸逝世。

1. 表浅擦裂伤，亦须防感染

对于皮肤表浅的切割伤和机械性摩擦伤来说，最简便有效的消毒药就是碘酊（也叫"碘酒"）。2%的碘酊是一种十分有效的外用消毒药，它不会腐蚀伤口，用它涂抹伤口时所引起的疼痛是非常短暂的。它对防止伤口化脓感染、真菌感染和病毒感染等，都有着显著的作用。

通常可先用凉开水或生理盐水等清洁的水冲洗伤口，再涂以2%的碘酊，或直接用2%的碘酊涂抹伤口。然后用消毒敷料包扎伤口或暴露伤口，48小时内避免沾水。如果没有碘酊，也可以涂抹酒精。

2. 伤口小又深，要敞开暴露

由尖而长的东西刺入人体组织所造成的"刺伤"，多数伤口小而深。由于这种伤口深而外口较小，伤口内有坏死组织或血块充塞，是最容易感染破伤风杆菌（一种厌氧菌）的，也最有利于形成这些杆菌生长繁殖、产生毒素的"缺氧的环境"。

因此，对待诸如锈钉刺伤的伤口，在用碘酊对伤口周围的皮肤进行消毒前，应用过氧化氢溶液（双氧水）或高锰酸钾溶液对伤口进行反复冲洗，并彻底清除伤口内的异物。

此外，这类伤口不能缝合、包扎，应把创口敞开，充分暴露，从而破坏破伤风杆菌生长繁殖的环境。要知道，正确处理伤口，是预防破伤风发生的关键步骤。

在伤后24小时内，皮下或肌肉注射破伤风抗毒素（TAT），小孩和成人用量一样。注射前做过敏试验，阳性者采用脱敏注射法。注射破伤风抗毒素是预防破伤风感染的重要补救措施。

有时候，伤口虽然不深但污染严重，或有皮片覆盖的，也必须做好伤口的清创，不缝合、不包扎伤口。

对于伤口污染严重或在受伤24小时以后才注射破伤风抗毒素的，则需要用加倍的破伤风抗毒素剂量。预防破伤风最可靠的方法是在平时注射破伤风类毒素，使人体产生抗体。

3. 动物抓咬伤，预防毒播散

狂犬病一旦发病，死亡率达100%。所以，被猫、狗抓或咬伤后，应立即用大量的肥皂水反复冲洗伤口，冲洗时间一般要达半小时以上，以尽量减少病毒的侵入。冲洗后可用2%的碘酊或75%的酒精涂抹伤口，但不要包扎，并及早去注射狂犬病疫苗。

如被毒蛇咬伤，尽量记住蛇的体征，有助于医生对症下药。虽然伤口可能只有几个"牙痕"，但蛇毒已经被注入伤口内。此时必须迅速用止血带或手帕、绳索、布条等，在伤口近心端（指离心脏最近的一侧）5~10厘米处进行绑扎，防止毒素扩散（但必须每隔30分钟，松绑2~3分钟，以防肢体坏死）。

绑扎后，一是用清水、肥皂水等冲洗伤口及周围皮肤（有条件时可用双氧水、高锰酸钾溶液冲洗）；二是用小刀按毒牙痕方向，纵切或十字切开皮肤（不要太深，切至皮下即可），以便于排出毒液，如有毒牙残留，要挑去毒牙；三是挤压伤口周边组织，尽量多地挤出毒液。

切不可进行剧烈运动，因为血液加速循环会导致毒素加速扩散，影响救治效果。紧急处理伤口后，应迅速到医院，进行抗蛇毒血清注射等治疗。

4. 伤口内异物，应分别对待

异物残留伤口内易致化脓感染。对于伤口内的异物，一般是先将伤口消毒，用消过毒的针及镊子将异物取出，再消毒并包扎伤口。但自己在家中处理伤口时，对伤口内的异物则要谨慎分别对待。

## 应如何正确处理昆虫蜇伤？

蜂的种类有很多，如蜜蜂、黄蜂、赤眼蜂等。雄蜂是不伤人的，因为它们没有毒腺及螯针。蜇人的都是雌蜂（工蜂），雌蜂的腹部末端有与毒腺相连的螯针。当螯针刺入人体时，随即注入毒液。蜜蜂蜇人时，常将其毒刺遗弃于蜇伤处；而黄蜂蜇人后，则将螯针缩回，还可继续伤人。蜂类毒液中主要含有蚁酸、神经毒素和组胺等，能引起溶血及出血，对中枢神经系统具有抑制作用，还可使部分蜇伤者发生过敏反应。

人被蜜蜂蜇伤后，轻者仅局部出现红肿、疼痛、灼热感，也可出现水疱、瘀斑、局部淋巴结肿大，数小时或1～2天内症状自行消失。如果身体被马蜂蜇伤多处，常引起发热、头痛、头晕、恶心、烦躁不安、昏厥等全身症状，蜂毒过敏者，可引起荨麻疹、鼻炎、唇及眼睑肿胀、腹痛、腹泻、恶心呕吐。个别严重者可致喉头水肿、气喘、呼吸困难、昏迷，甚至因呼吸、循环衰竭而死亡。

一旦我们被蜂蜇，可采取以下措施处理：

1. 立即用消毒针将蜂留在肉内的断刺剔出，再用力掐住被蜇伤的部位，用挤压或拔火罐的方式，尽量排出毒液，减少毒素的吸收。

2. 若是蜜蜂蜇伤，局部以弱碱性液体洗敷；若是黄蜂蜇伤，局部以弱酸性液体冲洗。

3. 蜇伤经过初步处理后，最好及时赶往医院，进一步治疗。

4. 万一伤者发生休克，在通知急救中心或去医院的途中，要注意保持伤者的呼吸畅通。

接下来，我们说一说蝎子。蝎子是常见的有毒虫类。后腹有一尾刺，内具毒腺。蝎子靠毒腺射出毒液，以自卫和杀死捕获物。

被蝎子蜇伤后，应立即用带子扎紧被蜇处的近心端。若手指被蜇伤，捆扎指根部；若手腕被蜇伤，则捆扎上臂（这样做，可以防止蝎毒随血液快速进入心脏）。然后拔出毒刺，用手将伤口内的毒液挤出。

进行上述处理后，应尽快赶到医院接受进一步诊治。

CHUANYI
HUFU PIAN

**穿衣护肤篇**

## 冬季穿衣是越厚越好吗？

每到冬季，为了保暖防寒，不少人穿得里三层外三层，冷空气过境时甚至裹得密不透风，以为穿得越多越暖和。其实，这是一个误区。

重量不如重质。因为衣服本身并不产热，衣服的保暖程度和衣服内空气层的厚度有关系。一件件衣服穿在身上以后，衣服内空气层的厚度就会增加，人就会觉得暖和。不过，如果这种空气层的总厚度超过了1.5厘米，衣服内空气对流就会加大，这个时候衣服的保暖性反而不好了。此外，如果冬季穿衣件数过多、过重，身体内的血管会随之扩张，导致散热面增大，反而降低了机体对外界温度的适应能力，从而感觉更冷，也不利于保暖。

由此可见，衣服不能穿得太多、太厚，里面穿一件贴身、柔软的内衣，中层穿一件稍宽松的柔软毛衫，外面套一件保暖的羽绒服或者能抵挡寒风的皮衣就可以了。这种穿衣法既能够持久保持身体的温度，又能保护身体不受外部冷风的侵袭。

## 保暖内衣可以贴身穿吗？

保暖内衣由于轻盈、保暖的性能被越来越多的人接受。不过，有人会问："保暖内衣能不能贴身穿呢？"

保暖内衣虽然相对保暖，但建议不要贴身穿。如果长期贴身穿，有可能引发瘙痒。

市场上出售的有些保暖内衣是采用复合夹层材料制作而成的，这种材料的特点是在两层普通棉织物的中间夹有一层蓬松的化学纤维或者超薄薄膜，能进一步阻止皮肤与外界进行气体和热量的交换。我们都知道穿着含化纤成分的衣物很容易产生静电,并且这些静电在人体周围可以产生大量的阳离子。这些阳离子会使皮肤的水分减少,从而使皮屑增多,这样就会使人有瘙痒的感觉。

## 冬季戴帽子有什么好处?

时到冬季,寒气逼人,为了保暖防寒,人们都穿上厚厚的冬衣。但是很多年轻人没有戴帽子的习惯,以为只有体质较弱的老年人才需要。其实不然,冬季戴帽子是有很多好处的。

众所周知,和帽子接触最为亲密的是头发,所以,不妨了解冬季戴帽子对头发的好处以及应该注意的问题。

1. 为头发保暖防寒

头被称为"诸阳之会"。有医学研究发现,静止状态下不戴帽子的人,当环境气温为15℃时,从头部散失的热量占人体总热量的30%,而气温在4℃时散失的热量则达到60%。头部受寒,就会造成脑血管收缩,轻则导致头昏、头痛,重则引起头皮营养循环障碍和毛囊代谢功能紊乱,以致头发的营养失衡,从而造成大量的头发非自然脱落。如果情况严重,还极有可能诱发一些疾病。由此可见,在寒冷的冬天,头部和人体的其他部位一样需要保暖防寒。

2. 为头发防尘、防污染

冬天风沙大、尘土多,头发极易被吹得杂乱无形。与此同时,沾在头发丝里的微生物和灰尘就像砂纸上的沙砾一样,不仅在你的头皮上肆虐,而且在你日常梳头时,增加梳子和发丝之间的摩擦力,造成头发表面的毛小皮翘起,如此一来,头发就会变得毛糙。而那些肉眼看不到的微生物有可能导致你的头皮滋生细菌,从而直接影响头发的生长环境和质量,严重时会出现头发分叉、折断。如果戴一顶舒适的帽子,就无异于给头发穿了一件具有保护功能的外衣，能有效地阻挡灰尘和微生物的侵袭。

3. 为头发防晒

很多爱美人士都会在夏天采取全副武装的防晒措施，比如撑一把色彩斑斓的遮阳伞，既可以防晒又显得优雅，而到了冬天却往往忽略阳光的辐射威力。然而事实上，冬天空气干燥，阳光中紫外线并不弱，因而千万不能对冬天的太阳掉以轻心，仍应防止过度日晒。为了避免紫外线的伤害，选一顶款式和颜色都与服装相匹配的帽子，不外乎是一个既时尚又实用的明智之举。

4. 约束头发的同时为头发减负

除了以上3个好处，帽子如此受欢迎还有更重要的一个原因，那就是简化了打理发型的烦琐流程。以往需要依次"上阵"的造型美发用品大可省去不用，一顶合适的帽子就可以把不听话的发丝老老实实地约束在头顶和两鬓，何乐而不为呢？

## 青春期少女可以束胸吗？

青春期来临，在体内激素的刺激作用下，乳房开始发育，由平坦逐渐变得隆起，这是第二性征发育的表现之一，是自然的生理现象。但有一部分女孩却因此而感到难为情，常用紧身衣、胸罩等束紧胸部，以试图遮盖日益丰满的乳房，殊不知这样做是有害无利的，会影响青春期的正常发育。

首先，束胸影响正常呼吸，青春期的呼吸功能逐步增强，肺活量也随之迅速增大。而随着骨骼的发育，胸部轮廓也不断增大。如果此时束胸，就必然会影响胸部轮廓的增大与扩张，因此阻碍肺的发育，以致减少肺活量，从而影响呼吸功能。其次，长期束胸，会影响胸廓发育，容易引起胸廓变形、胸围缩小等。最后，束胸会对乳房的发育不利。我们都知道乳房是授乳器官，如果处于发育过程中的乳房长期受到外界机械的压迫，会使乳房中的纤维束和乳腺导管受压，这样不仅会影响乳房本身的发育，从而影响产后乳汁的分泌和排出，而且还会使乳头凹陷变形。而乳头凹陷变形至少有两个坏处：容易导致细菌感染，从而患上乳腺炎等病症；影响今后的哺乳，给将来喂养孩子造成困难。

综上所述，青春期的少女不仅不能束胸，还要加强胸部肌肉的锻炼，以促进胸部的健康发育。

## 青春期少女可以束腰吗？

许多青春期少女存在这样的审美观，她们以为腰越细越好，为了拥有纤纤细腰而不适当地束腰，比如用一条宽腰带把腰勒得非常紧。束腰会使腰部脂肪向其他部位转移，反而使腰部看起来扭曲和不自然，失去整体美感。实际上，束腰不仅影响美感，还存在许多危害，归纳起来主要有以下 7 种。

1. **阻碍血液循环**

紧紧束缚的腰带会压迫腹主动脉及下腔静脉，把人体的血液循环系统拦腰分为上下两部分，从而导致心脏在收缩时前后负荷增加。当静脉血回流长期受阻时，会导致脑、心、肺、肝、肾等重要器官供血不足，进而影响生长发育，致使记忆力低下，学习成绩差。到了中年以后，还容易发生冠心病、心力衰竭等病症。

2. **影响腹式呼吸**

腹式呼吸对健康有好处，而束腰恰恰限制了腹部的起伏，从而导致肺的通气量不足，血液中氧气的浓度就会下降，使人感到胸闷气短。当脑供氧不足时，大脑的工作效率必然降低，进而影响人体正常的生长发育和大脑功能，使思维、反应、记忆等能力随之下降。

### 3. 造成腰椎、腰肌损伤，甚至发生退行性病变

长期束腰，腰带挤压和摩擦第三到第五腰椎，造成局部长期缺血缺氧，这样容易发生损伤、错位、骨质增生等，腰痛及下肢疼痛、麻木、浮肿也会随之而来。如果压迫的是坐骨神经，那么则会引起坐骨神经痛。

### 4. 束缚胃肠道的蠕动

长期束腰，腹腔内压增加，会影响胃肠道正常蠕动，引起腹部供血障碍，从而对食物的消化、吸收能力减弱。这样易发生营养不良性贫血，并且易引起胃肠道病患，比如腹胀、消化不良、食欲下降以及慢性胃炎、胃及十二指肠溃疡、便秘、肠梗阻等。

### 5. 损害肾功能

束腰会对盆腔内器官造成压迫，当两侧肾脏受压后，肾内血液循环就会受阻，易诱发肾萎缩、游走肾等疾患。肾脏供血不足会影响其功能，不能将人体内有毒的代谢产物及时排出，就会导致尿毒症。

### 6. 引起张力性尿失禁和尿道感染

长期束腰，膀胱受挤压后，它与尿道连接处的后角会增大变直，易造成尿液失控，发生自发性尿液溢出。而且如果细菌沿尿道而上，就会引起膀胱炎、尿道炎等疾病。

### 7. 遗留不易受孕的隐患

青春期少女如果长期束腰，子宫会因供血不足而发育迟缓，甚至停止发育，从而成为所谓的"幼稚子宫"，造成不易受孕的后果。

所以，在此提醒处在青春期的少女，束腰不但不能显现真正的健康之美，还会引发各种疾病，得不偿失。

## 真丝服装有益于人体吗？

真丝被冠以"纤维皇后"之称，它具有诸多其他纺织纤维无法比拟的优势，现代人们又赋予其"健康纤维""保健纤维"之称。

真丝纤维的特点是孔隙多，水分子容易进入，这就使得真丝服装具有很好的吸湿性和透气性，从而调节体温和水分。即便空气湿度高，湿气也会透过真丝纤维向外挥发，起到调节体温和水分的作用，进而有利于人体新陈代谢的进行。曾有研究表明，穿真丝三角裤的男子股间湿度为72%，而穿棉质或合成纤维三角裤的湿度则达到90%；股间体温也比人体其他部位低，从而有利于男子内分泌。

真丝的主要原料是蚕丝，蚕丝中的丝素和丝胶都是蛋白质，其中含有18种氨基酸，与人体所需的氨基酸相差无几。所以，蚕丝又有"人体第二皮肤"的美称。以蚕丝为原料的真丝对某些皮肤病也有一定的辅助治疗作用。曾有人按照人体各部位的不同需要，用真丝制成各种织物，并选择了30个皮肤瘙痒患者进行治疗。结果表明，在使用药物的同时，辅助使用真丝织物，可以收到更好的疗效。

不容否认，真丝本身也存在一些缺点，如抗皱性差、不易打理、容易泛黄等。但是，真丝能适应人体组织多种功能的需要，而且真丝面料很舒适，所以常穿真丝服装对人体健康有一定的好处。

## 新衣服对皮肤有哪些刺激？

很多人买了新衣服以后就马上穿起来，其实这样是不明智的。

我们都知道衣服在制作过程中经过了很多程序。为了达到结实、美观的效果，制作过程中常常使用多种多样的化学添加剂。比如，为了防止衣服缩水，往往采用含有甲醛的树脂处理；为了增加衣服的洁白度，白色衣服通常会采取荧光增白剂处理；为了使衣服穿上后看起来笔挺、精神，大多会采用上浆处理。此外，用来做衣服的布料在染色之后，也会多少残留一些游离的染料；在存储布料时，为了防止虫蛀、霉变，还要使用防虫剂、消毒剂等。而所有这些化学物质，均对人的皮肤有不同程度的刺激作用。

所以，你购买的新衣服，不要急着穿，建议先通风晾一段时间或用清水漂洗后再穿，这样可以减少衣服上残留的化学物质。

### 常穿紧身裤有哪些危害？

紧身裤能够衬托出人体曲线，尤其是能够显露身体下肢的自然美，所以深得青年男女的喜爱。但是穿衣着裤不仅要讲究美观，而且要注重卫生。从生理卫生的角度来说，长期穿紧身裤是大大有碍身体健康的。

紧身裤对女性的健康危害最大。女性穿紧身裤会使下身空气得不到很好的流通，不利于汗液和私处湿气蒸发，细菌繁殖得很快，容易引起细菌感染。由于女性阴道黏膜经常分泌一种酸性液体，而且这种酸性液体具有防御细菌入侵的能力，所以女性私处总是湿润的。当裤子宽松时，由于空气流通，湿气便容易散发出去。而紧身裤紧贴在皮肤上，不仅影响正常的湿气散发，而且捂得久了还会出汗，进而冲淡阴道分泌物的酸度，导致抗菌能力降低。除此之外，在过分潮湿的环境中，私处的皮肤经不起长期摩擦，容易引起疼痛甚至破损。而过分湿润的环境又为细菌繁殖提供了条件，于是细菌就会很容易乘虚而入，引起私处皮肤感染、阴道炎、尿道感染等。

男性穿紧身裤有碍于睾丸正常产生精子。睾丸产生精子需要特定的温度，而这一温度比正常体温略低。穿紧身裤会使睾丸紧靠身体,从而使睾丸局部的温度上升,就有可能导致产生异常的精子甚至不产生精子。紧身裤穿得过久不仅影响睾丸的生理机能,而且还会引起遗精、手淫等。此外,如果长时间穿紧身裤,会阴部的汗液不容易散发,就会为细菌、真菌的生长提供有利条件,从而引发股癣、阴囊湿疹等病症。

## 穿羊毛织品可导致皮炎吗?

羊毛被誉为"会呼吸的动物纤维",是一种天然的保暖资源。羊毛有很多优点,使用价值很高。羊毛因其纤维的特殊结构方式,具有不助燃的特性,所以防火性较好,比其他材料更具安全优势。除此之外,羊毛保暖性极佳,而且可以吸渍排气,其柔软的质感有安神的功效,故而能提升睡眠品质。因此,羊毛纺织品被很多人喜爱和使用。

然而,有些人穿羊毛织品可能会出现皮炎,其临床表现多种多样,有痒疹、红斑、湿疹、荨麻疹等。

对羊毛织品过敏的原因可能是人体对羊毛过敏,因为羊毛中含有一种叫"羊毛蛋白"的物质,会刺激人的免疫系统产生过敏反应。

据调查,有2/3左右的异位性皮炎患儿,主要的过敏源是羊毛,而且其中至少有90%对羊毛蛋白的皮试为阳性。

对羊毛织品过敏,也可能是因为对羊毛加工过程中的染料过敏。

所以,患有皮炎等皮肤病的人最好不要穿羊毛织品。当穿着羊毛织品感到异样或不适时,就要想到这可能是羊毛织品在作怪。应对的措施很简单,就是在最内层穿上较厚的棉纱衣裤,尽量避免羊毛织品与皮肤的直接接触。

## 如何正确清洁面部？

洗脸是每个人每天必须做的，但它可不是一项简单的"例行公事"。洗脸的步骤是否正确决定着皮肤的好坏程度，正确有效的洗脸方式可以改变肌肤的不良状态。如果你在乎自己的肤质，想要拥有光润水感的健康肌肤，那么就该认真对待洗脸这件既简单又复杂的工程。爱美的女孩要尤为注意。

第一步：用温水湿润脸部

洗脸水的温度是非常重要的，切忌太热或者太冷。有的人图省事，直接用冷水洗脸；也有的人认为自己是油性皮肤，所以用很热的水来把脸上的油垢洗净。然而，这些都是错误的洗脸方法。正确的方法是用温水，因为温水对皮肤的刺激程度最小。用温水洗脸既能保证血液流通正常，使毛孔充分张开，又不会造成皮肤的天然保湿油分过分丢失。

第二步：使洁面乳充分起沫

无论用怎样的洁面乳，量都不宜偏多。一定要先把洁面乳充分揉开，起泡沫后，再向脸上涂抹。很多人会忘记这一步骤，而这一步骤恰恰是关键的一步。因为如果洁面乳不充分起沫，不仅达不到清洁效果，而且还会残留在毛孔内，从而诱发青春痘。

第三步：轻轻按摩15下

把洗面奶均匀涂在脸上以后，要轻轻用指肚打圈按摩，这时不要太用力，以免产生皱纹。容易长黑头的地方可以酌情多揉几下，大概按摩15下，让洗面奶泡沫覆盖整个面部。

第四步：清洗洁面乳

洁面乳按摩完后，就该清洗了。常有一些女孩怕洗不干净，所以用毛巾用力地擦洗，其实这样做对娇嫩的皮肤很不好。最好的方法是用湿润的毛巾在脸上轻轻按，反复几次后就能清除掉洁面乳，而且不伤害皮肤。

第五步：检查发际

清洗完毕后，你可能会认为洗脸的过程已经完成了，其实并非如此。这时候还要照照镜子，细心地检查一下发际周围是否残留有洁面乳。这个步骤也往往被人们忽略。如果你的发际周围总是容易长一些痘痘，很有可能就是因为忽略了这一步。

第六步：用冷水撩洗20下

双手捧起冷水撩洗面部20下左右，然后用蘸了凉水的毛巾轻敷面部。这样做的好处是可以使毛孔收紧，并同时促进面部血液循环。这样才算完成了整个洗脸的过程。

如果每天都能按照这种方法认认真真地洗脸，肤质也自然而然会在一定程度上得到改善。

## 干性皮肤如何护理？

干性皮肤，也就是干燥性皮肤，是由于皮肤缺乏水分（皮肤角质层水分少于10%），皮脂分泌少，多表现为皮肤缺少光泽，手感粗糙。在寒风烈日、空气干燥的环境中，干性皮肤缺水的情况会更加严重。如果长期不认真护理，会产生皱纹。因此，干性皮肤必须通过适当的皮肤护理，以防未老先衰。

干性皮肤的人，洗澡不宜过勤，因洗澡过勤会将自身本来就少的皮脂洗去，从而使皮肤变得更加干燥。同时，洗澡要用温水。在选用洁肤用品时，最好用不含碱性物质的膏霜型洁肤用品，切忌使用粗劣的肥皂。洗脸时，应用温水，尽量少用甚至不用磨砂膏去除死皮，否则会加重皮肤的干燥程度。此外，还要多注意防晒和防冻，因为两者均能导致皮肤干燥。关于化妆品的选择，应少用或不用粉状类,常用高度保湿的营养霜,同时适度按摩。皮肤严重干燥的人,还可以适当口服维生素 A 和维生素 E。

以上是基本保养方法,而以下方法可以辅助治疗。

其一,选用适合干性皮肤的面膜敷面。一般情况下,敷面 15 分钟即可。

其二,用蒸面疗法加快面部的血液循环,以此补充必需的水分和油分。具体步骤如下:用脸盆加入适量热水,并在其中加入适量的甘油等护肤品,待蒸汽上升时,再将眼睛闭上,置面部于蒸汽上方进行熏蒸。当面部出现潮红时就可以了,每次 5～10 分钟,通常每周可进行 1～2 次。

秋冬季节,气候干燥,所以保养皮肤时要特别注意。早晨,最好先用收敛性化妆水调整皮肤,再用乳液润泽皮肤,接着涂足量的营养霜。晚上保养时也要用足量的化妆水、乳液和营养霜。坚持每日按摩面部 1～2 次,每次 5 分钟左右,以促进血液循环,进而改善皮肤的生理功能。如果做足了脸面上的功夫,再适当加强营养,干燥性皮肤同样可以滋润光泽。

## 油性皮肤如何护理?

想确定你是不是油性皮肤很简单,因为油性皮肤特征显著:油脂分泌旺盛,脸部油腻光亮,多数油性皮肤的人毛孔粗大,甚至出现橘子皮样外观,特别是 T 区的额头、鼻子,油脂分泌更多。油性皮肤容易黏附灰尘等污物,从而引起皮肤的感染,患上痤疮。但是,这类皮肤对外界刺激的耐受性很强,不易起皱纹,也不容易产生过敏反应。

油性皮肤护理的关键是保持皮肤的清洁。建议油性皮肤的人选择洁净力强的洁面乳，以便清除油脂和附着在毛孔里的污物。

洗脸时，水温可稍稍偏高，40摄氏度左右为宜。湿润面部后，将适量洁面乳放在掌心并揉搓起泡，接着仔细清洁T区，特别是鼻翼两侧等油脂分泌较旺盛的部位，而已经长痘的地方，则注意不要太用力。用泡沫轻轻地画圈，然后用清水冲洗干净才行。

清洁面部后，可拍些收敛性化妆水，这样可以抑制油脂的分泌，切忌用油性化妆品。

晚上洁面后，也可通过适当的按摩来改善皮肤的血液循环，进而调整皮肤的生理功能。

每周可做一次熏面、按摩并敷一次面膜，以达到彻底清洁皮肤、缩小毛孔的目的。

如果面部出现痤疮，要及早治疗，以免病情加重，留下疤痕。

油性皮肤的人在秋冬干燥季节也可适当地选用乳液及营养霜，少食脂肪、糖含量高的食物，忌烟、酒和辛辣刺激的食物，多食水果、蔬菜，保持大便通畅，进而改善皮肤油腻粗糙的状况。

只要注意科学合理的护养，油性皮肤也会给人以自然的面容。

## 混合性皮肤如何护理？

混合性皮肤兼有油性皮肤和干性皮肤的特点，通常在面部T区多油，其余脸颊部位偏干。我国大部分人都属于混合性皮肤。

混合性皮肤的人，一部分是天生的，还有一部分以前是中性皮肤或者油性皮肤，随着年龄、环境等的改变而变成了混合性皮肤。

对于混合性皮肤，每天的护理也是很重要的。

1. 清洁：早晚各1次。选择适合混合性皮肤的洁面乳，用温水洗脸。洗脸时注意不要太用力，如果觉得T区特别油，可以在出油多的部位多洗一下，两颊用力则应相对轻柔一些。

2. 敷面膜：敷面膜之前最好先去角质，但每周不要超过 2 次；每周敷 1~2 次面膜，以达到深层清洁和补水的目的。根据自己的实际情况选择相应的面膜：如果你觉得自己肌肤干燥紧绷，就可以用专门补水的面膜；如果你觉得自己的毛孔粗大和出油问题严重，就可以试试海洋矿物泥面膜，从而清理毛孔中的污垢并吸去多余的油分。

3. 用爽肤水：每天 2 次。混合性皮肤的人在选择爽肤水时不要使用含有酒精的爽肤水，最好选择具有保湿功能的。在使用爽肤水时要用化妆棉，才能达到均匀保湿的效果。如果在夏天觉得鼻子特别油，可以在擦好爽肤水后，把化妆棉敷在鼻子上，快干的时候拿掉，具有一定的控油效果。

4. 用乳液：每天 2 次。混合性皮肤的人应注意选择有多种功效的乳液，比如具有保湿、控油作用的乳液，让皮肤恢复自然的水油平衡。

5. 隔离保护：由于影响皮肤的因素有很多，其中环境是关键因素，所以在日常护理中要用隔离霜等进行隔离保护。

此外，饮食上也要多注意吃水果、蔬菜，尽量少吃或不吃辛辣、刺激性食物。

## 如何让皮肤白起来？

美白娇嫩的肌肤是很多女孩子追求的目标。不过，美白不是简单地找一支美白精华，天天涂抹便可以轻易实现的。想要美白，以下几点不可不知。

1. 认识美白产品的功能

市面上的美白产品种类繁多，每种产品都有着自己不同的美白功效，例如有的是为提亮肤色而设计的，有的是专为雀斑而设计的。

所以在购买前，必须先了解产品的成分和特性，才能"对症下药"。

2. 美白只能做到恢复本来肤色

皮肤的黑与白并非是判断完美肌肤的标准，完美的肌肤跟肤色的均匀度和亮泽度有关。如果你的皮肤天生黝黑，那么使用美白产品的目的就是令自己的肤色恢复均匀，而不是强求由天生的黝黑转变为白净。肌肤不会因涂美白产品而比原肤色更白，所以误信美白产品的广告只会浪费你的金钱。

3. 防晒霜不离身

由于大部分黑色素和阳光中的紫外线有关，所以要养成搽防晒霜的习惯。如果以每天平均接触阳光 7.5 小时算，那么最少要涂 SPF 30、PA＋＋＋或以上的防晒霜。不过要注意，并不是 SPF 数值越高越好，数值越高，防晒霜越油腻、厚重，容易堵塞毛孔。另外，还要注意，眼部比脸颊皮肤更薄，所以不要忽视眼部防晒。

4. 先保湿再美白

本身属敏感或干性皮肤的人，注意使用美白产品前应先保湿，可先涂保湿精华打底，以增加皮肤角质层的水分。健康的皮肤细胞组织可以减少使用美白产品时因刺激所产生的敏感症状。

5. 面膜不宜敷过夜

通常的美白面膜，除非特别注明，否则一般只需敷 15 分钟便足够。如果敷面膜的时间过长，面部的细胞就很容易缺氧，进而影响肌肤的正常呼吸。此外，面膜中的养分也不能有效地渗透到皮肤内部，从而降低面膜应有的功效。

除了美白产品，良好的饮食习惯对阻止黑色素产生，达到美白效果也有一定的帮助。

1. 多食豆类及豆制品

豆类及豆制品中含有丰富的蛋白质，有利于肌肤制造胶原蛋白，多吃有益。豆浆、豆腐花、豆腐等豆类制品都可以，既便宜又天然。

2. 一日一番茄

我们都知道番茄内含丰富的维生素 C，而维生素 C 可以抑制黑色素形成，淡化雀斑。同时，番茄还可以抗氧化，进而改善肌肤因氧化而出现的暗黄肤色，使肤色变均匀。

3. 多吃抗氧化食物

平时多吃含有维生素 C 及维生素 E 的食物，如蓝莓、柿子、猕猴桃、橙子、苹果、燕麦以及一些绿叶蔬菜等，以上这些都含有天然的抗氧化剂，可令肌肤恢复天然肤色。不过，想让肌肤白净而有光泽，还应少摄取酸性食品，如肉类、糖类等。

4. 银耳

银耳有"平民燕窝"之称，多食用银耳可促进肌肤的骨胶原增生。银耳可配合红枣和百合食用，等其煮烂后，再加入少量冰糖，这样也有助于美白。

5. 柠檬水

柠檬是很好的美白水果，含有丰富的维生素 C，多喝柠檬水既可以帮助排毒，又有助于美白。

## 如何有效祛痘印？

一般情况下，痘痘治愈后，皮肤会留有深红或者淡红色的痘印。留下痘印的原因可能有 2 个：痘痘因感染而出现脓肿、脓疱，排出脓液时伤到了真皮层；有些人属于瘢痕体质，即使很小的伤口也会留下很明显的疤痕。这些痘印不容易彻底清除，所以很多人为此苦恼。

祛除痘印，需要考虑皮肤的综合状况，同时进行相关的皮肤疗理才能有效祛除痘印，改善皮肤状态。下面是几种常用的祛痘印的方法。

1. 擦皮法

把清凉剂涂抹在痘印处，当达到皮肤麻木、表层固定的时候，用镶有细小的可旋转的工业用钻的不锈钢轮进行打磨，痘印边缘被磨光，这样凹陷性的痘印会相应地显得平整。擦皮法对于消除凹陷性痘印比较适合。需要注意的是，使用擦皮法后，如果经阳光暴晒，皮肤会变黑，因而需要做好防晒工作。

2. 蛋白质注射

在使用蛋白质注射法治疗痘印前，必须先简单地检测一下，看你的情况是否适合使用这种方法。用手指拉伸痘印旁的皮肤，如果痘印消失，那么你就适合这种方法。蛋白质注射法所使用的胶原蛋白是从皮肤的真皮层里产生的，不过由于人体自身会溶解胶原蛋白，因此在3~9个月后可能要进行另一轮治疗。需要特别注意的是，孕期或哺乳期的女性最好不要采用此法，对她们来说，这种方法的安全性尚不明确。

3. 脂肪注射术

脂肪注射术是从患者身体其他部位获取脂肪，把脂肪经过特殊处理后再注入痘印处。

4. 化学去皮法

化学去皮法主要治疗的是坑状痘印，一般情况下是通过使用三氯乙酸或者α-羟基酸处理。不过，严重的粉刺疤痕不适合使用此法，而是需要配合全身麻醉用苯酚去皮法。

5. 打孔凿切除法

打孔凿切除法适合治疗又窄又深的像碎冰锥一样的痘印，并且有很好的效果。具体做法是用特殊的凿子切除痘印，然后将边缘缝合起来。

6. 激光擦皮法

激光擦皮法与前面的擦皮法不同，激光擦皮法是通过使用二氧化碳激光器打磨肌肤，相对来说不会出血。使用此法时要非常注意，否则会产生新的疤痕或色斑。

## 如何正确给肌肤补水？

随着外界环境的变化，尤其是气温和空气中湿度的降低，皮脂腺不能有效分泌出油脂，这时皮肤就会出现紧绷、干燥的现象，进而导致细纹的出现。针对皮肤干燥最关键的就是补水，补水是每天必不可少的。当然，补水也是有讲究的，首先要确定自己的皮肤的情况，然后根据自己的肤质选择合适的化妆品和护理方法。不同肤质在补水过程中会有不同的侧重点，所以要根据自己的肤质选对重点才能事半功倍。

1. 中性皮肤

中性皮肤是几种肤质中比较理想的一种皮肤，肌肤状况比较稳定，油分和水分比例也相对均衡，而且毛孔细小，纹理细腻，皮肤光滑滋润有弹性。此类肤质补水重点是洁面。由于中性皮肤状况良好，所以这类人很容易疏忽其皮肤的保养。然而，这类皮肤的补水工作同样重要，因为再好的皮肤不保养的话也会老化。此类肤质的人，应根据季节变化选择补水产品。

2. 干性皮肤

干性皮肤的特征是毛孔小，纹理比较细腻，皮肤干燥无光泽，缺乏娇嫩水感。而且干性皮肤在清洁后有紧绷感，易老化，面部容易长黑斑或细小皱纹，但是不易长粉刺。干性皮肤的补水重点是使用面霜。干性皮肤的缺水现象是最为明显的，所以使用偏油性的保湿产品（比如保湿霜、保湿乳液）会有很好的锁水、保湿效果。干性皮肤除了注意保湿外，最好也多涂一些滋润成分较多的精华素。此外，每隔2~3天，可使用保湿性较好的面膜敷一次脸。

3. 敏感性皮肤

敏感性皮肤的特征是皮肤的角质层薄，并且真皮血管网浅，因而此类肤质受到刺激后很容易发生红肿、脱水等症状。敏感性皮肤的补水重点是夜间补水。由于白天此类肤质受外在环境的影响较大，所以应侧重晚间保养，并使用适合敏感皮肤的护肤品，比如蔬菜面膜。

4. 油性皮肤

油性皮肤的特征是毛孔明显粗大，皮肤纹理粗糙，油光满面，易长青春痘，但不容易起皱。此类肤质的补水重点在于控油。油性肌肤的人应选用清爽的水质保湿产品，例如保湿凝露、喷雾、润肤露等。

5. 混合性皮肤

混合性皮肤的特征是T区呈油性，而眼周和两颊呈干性。通常混合性皮肤大多是从油性皮肤演变而来的，而且多是因为护理不当或者滥用化妆品造成的。此类肤质的补水重点在于控油补水。清洁时，注意以T区为主。混合性皮肤的人要重视敷面膜，因为面膜对皮肤的好处很多，比如滋润肌肤、清除皮肤的污垢、促进血液循环等。

## 常见的防晒误区有哪些？

众所周知，想要使自己的肌肤免于紫外线的伤害，必须做好防晒工作。但是很多人对防晒的认识存在误区，以至于防晒达不到理想的效果。

误区1：只有在酷暑高温下，紫外线才会非常强烈。

真实情况：紫外线本身不会发热。譬如人们在爬山时，越往上，越感到山风凉，而这时的紫外线却越强。研究表明，紫外线强度随海拔高度的增加而变强。另外，在大海上航行时，虽然海风让你感觉凉爽，但此时的紫外线也已达到极强的程度。

误区2：当阴天云层很厚时，紫外线就不会轻易伤害到皮肤。

真实情况：云层对紫外线来说，只是起到极小的隔离作用，90%左右的紫外线都能轻易穿透云层，能阻挡较多紫外线的唯有昏暗而又厚重的雨层云。

误区3：防晒产品的防晒系数越高，对皮肤就越有利。

真实情况：防晒系数越高的产品，也就意味着产品添加了越多的防晒剂，因而对肌肤的刺激性也就越大。所以，如果你是在室内上班、上学的话，选择SPF 15、PA+的产品就可以了；如果你是在户外活动的话，建议选择SPF 25～SPF 35、PA++的产品；如果你是到海边游泳的话，就要选SPF 35～SPF 50、PA+++的产品了。

误区4：防晒品涂上后就立即会产生防晒效果。

真实情况：防晒产品中的有效成分必须渗透到角质层后，才能发挥长时间的防晒效果，所以必须在出门30分钟前就将防晒产品擦拭完毕，最好出门前再补充一次。在使用的剂量上，每次至少用1～2毫升，才能达到最佳防晒功效。

误区5：偶尔有几次忘记涂防晒品，也不会对皮肤有太大的影响。

真实情况：虽然你只是间接性地接受日晒，但紫外线对皮肤的伤害会积累下来，时间久了就会造成肌肤暗沉，脸上出现晒斑，皮肤失去弹性，产生皱纹等。

误区6：只要出门前涂了防晒霜，肌肤就可安全无忧一整天。

真实情况：在暴晒部位涂抹防晒产品几个小时后，由于汗水稀释等原因，防晒产品的防晒效果会渐渐减弱，所以在一段时间后应及时洗去并重新涂抹，以延续防晒效果。

误区7：我的皮肤既然已经被晒黑了，再涂防晒霜也无济于事。

真实情况：皮肤晒后如果呈棕黄色，则表明皮肤进入了自我保护状态。皮肤的增厚和黑色素的产生是皮肤自我保护的外在表现。皮肤中的黑色素只能吸收一部分紫外线，而且只是起隔离作用，使肌肤不受损伤，但却没有吸收其他紫外线的功能。因而在户外时，阳光与皮肤间的隔离措施是必不可少的。

误区8：我已经同时使用了有防晒效果的乳液和粉底，那么防晒效果就应该是两者单独效果相加之和。

真实情况：真正得到的防晒效果只归功于其中防晒系数较高的产品，而不是所有产品效果的叠加，因此不建议同时使用两种甚至以上防晒产品。

## 毛孔粗大怎么办？

毛孔粗大常见于油性皮肤和混合性皮肤的人。毛孔粗大的问题如果处理不当，不单会让毛孔越来越大，还会令青春痘频生，影响美观。

下面是6种缩小毛孔的办法，希望对毛孔粗大的女孩有帮助。

1. 冰敷

用冰过的化妆水把化妆棉润湿，将化妆棉敷在毛孔粗大的地方。这是利用了热胀冷缩原理，多试几次，可以起到不错的收敛毛孔的效果。（注意别冻伤脸部）

2. 毛巾冷敷

把干净整洁的小毛巾放在冰箱里，清洁完脸部后，把冰毛巾拿出来轻敷在脸上几秒钟。（注意别冻伤脸部）

3. 用西瓜皮敷脸

西瓜皮可以用来敷脸，能起到一定的收敛毛孔、抑制油脂分泌的作用。

4. 柠檬汁清洗

油性肌肤的人可以在清洁面部的水中滴入几滴柠檬汁，这样除了可收敛毛孔外，还能减少疱疹的产生。

5. 鸡蛋橄榄油紧肤

将1个鸡蛋打散，放入少许柠檬汁和一点点粗盐，充分搅拌均匀后，再加入适量橄榄油，搅拌均匀。平日可将它封膜储存在冰箱里，每周涂1~2次，可在一定程度上改善毛孔粗大的状况，使皮肤光滑细致。

6. 栗皮紧肤

取出栗子的内果皮，捣成末状，然后与蜂蜜搅拌均匀，涂于面部。

需要注意的是，以上办法的效果因人而异，而且对皮肤易过敏的人也不适用。另外，以上办法对毛孔收缩只是起到一定的辅助作用，不能代替药物治疗。

## 如何保养眼部肌肤？

相对于身体其他部位来讲，眼睛周围的皮肤特别纤薄，而且该部位的汗腺和皮脂腺分布较少，很容易干燥缺水。以上因素决定了眼睛是面部最容易老化的地方。通常来说，过了25岁，眼部周围的肌肤就开始走下坡路，容易出现黑眼圈、鱼尾纹、眼袋、浮肿等问题。因此，眼周肌肤的护理是十分重要的。

我们把眼部保养分为内在保养、外在保养两部分。

1. 内在保养

（1）保持充足的睡眠，不要太晚睡觉，切忌熬夜。

（2）平时多喝水，但是睡前避免大量饮水，否则第二天眼部会浮肿。

（3）保持乐观向上的情绪，及时治疗内分泌紊乱或其他疾病。

（4）尽量避免阳光直接照射。

2. 外在保养

（1）卸妆清洁。眼周肌肤极为敏感细致，所以卸妆时要极为小心，而且要用眼部专用卸妆水或卸妆膏，并用化妆棉轻轻卸除。

（2）选用合适的眼部保养品。市场上销售的眼部保养品种类繁多，常见的有眼霜、眼胶、眼部精华液等。不同的保养品适合有不同需求的人：眼霜滋润性、营养性强，比较适合眼部有皱纹的人；眼胶是一种植物性啫喱状物质，成分温和、易吸收且不油腻，适合有黑眼圈、眼袋的人等；眼部精华液则适用于各种情况。使用这些保养品时，一般是先用精华液，再用眼霜或眼胶。取用约相当于绿豆大小的量即可，之前最好先热敷，涂抹之后配合按摩和指压，这样效果会更好。

（3）按摩和指压。适当按摩眼部可促进眼周血液循环和肌肉运动，有亮眼、缓解疲劳的功效。具体方法是：每晚睡前涂抹眼部保养品，再用中指或者无名指的指腹进行按摩。按摩上眼睑时，从眼头往眼尾方向轻推，接着由眼尾开始轻按各穴位，依次为眉尾丝竹空穴、眉中鱼腰穴、眉头攒竹穴，最后到眼头睛明穴。下眼睑也是如此，只是指压时穴位依次改变为眼尾瞳子髎穴和眼睑中央及下方的承泣穴、四白穴。每个穴位按压以酸胀为准，2秒后放开，重复做5~6次。

(4）眼膜护理：用胶原蛋白眼膜或者自制眼膜（胡萝卜或黄瓜捣碎取汁，加入 4~6 滴维生素 E 油剂）进行护理，每周 1~2 次，可使眼部得到滋润和放松。

## 如何预防黑眼圈？

黑眼圈是怎么形成的呢？经常熬夜、情绪不稳定会造成眼部疲劳，静脉血管血流速度会受影响。当静脉血管血流速度过于缓慢时，眼部皮肤里的红血球细胞就会供氧不足，进而导致静脉血管中二氧化碳及代谢废物积累过多，造成眼部色素沉着，形成黑眼圈，也就是我们戏称的"熊猫眼"。黑眼圈非常影响美观，所以被很多女生所讨厌。

想要预防黑眼圈，应注意以下几方面：

首先，应保持充足的高质量睡眠，避免熬夜。建议枕头不要过低，而且睡前千万不要大量饮水。

其次，平时饮食中应多摄取富含维生素的蔬菜和水果，忌烟、酒。

再次，避免因阳光直接照射对眼睛造成刺激，外出时最好戴上太阳镜。

最后，可使用眼部保养品，建议选择品质优良的眼胶和眼部精华素。通常的步骤是先用精华素，再用眼胶。如果先热敷眼部再进行涂抹，同时配合眼周的按摩或指压则效果更好。

对于长时间坐在电脑屏幕前的人来说，最好常备一瓶眼药水，隔一段时间滴一滴眼药水是缓解眼睛疲劳的好方法。

YUNDONG
XIUXIAN PIAN

**运动休闲篇**

## 什么是蹦极？

蹦极是一项户外休闲活动，属于极限运动。如今，蹦极已由它的发源地发展到世界各地。蹦极非常受人们欢迎，甚至有一些极限运动爱好者在蹦极塔上举行自己的婚礼仪式。"礼成"的时候，就纵身一跳，以示对爱情的热诚与忠贞。而去蹦极的人们还能够拿到"勇敢者证书"。

跳跃者站在约 40 米（约相当于 14 层楼高）以上高度的位置，常见的有桥梁、塔顶、高楼、吊车甚至热气球上，然后把一端固定好的一根长长的橡皮绳绑在身体指定处，跳下去。由于绑在跳跃者身体上的橡皮绳很长，足以让跳跃者在空中享受几秒钟的"自由落体"。当跳跃者的身体落到离地面一定距离时，橡皮绳则被拉开、绷紧，阻止人体继续下落。当到达最低点时，橡皮绳会再次弹起，同时人被拉起。随后几秒钟又落下，这样反复多次，直到橡皮绳不再弹起为止，这就是蹦极的整个过程。

蹦极主要有下面 4 种分类方法。

1. 按跳法分类

（1）绑腰后跃式。该种跳法为绑腰站于跳台上，采用后跃的方式跳下，属于弹跳，也是规定初学者要学的第一个基本动作。弹跳时会感觉仿佛掉入无底洞，整个心脏要跳出来似的，几秒钟后就会突然往上反弹，反弹持续多次。当看到自己已安全悬挂于半空中的时候，你会感到既紧张又刺激。

（2）绑腰前扑式。该种跳法为绑腰站于跳台上，以前扑的方式跃下。此跳法是弹跳初学者在学会第一个基本动作后做的另一种尝试。此种跳法近似于第一种绑腰后跃式，但这种跳法的弹跳者脸朝下。当弹跳者面朝下坠落时，会看着地面扑面而来，而且风声呼呼地吹过耳边，让人能真正感受到视觉上、听觉上的恐怖与无助，也能真正享受重生的欣喜。

（3）绑脚高空跳水式。该种跳法将装备绑于脚踝上，弹跳者站于跳台上，面朝下，如同选手跳水时一样，在倒数"5、4、3、2、1"后即展开双臂，向下俯冲，仿若雄鹰展翅，气概非凡。这也是弹跳者表现英姿最酷的跳法。

（4）绑脚后空翻式。该种跳法是弹跳跳法中难度最高的，但也是最神气的跳法。该种跳法将装备绑于脚踝上，弹跳者站于跳台上，在倒数"5、4、3、2、1"后即展开双臂，向后空翻。需要注意的是，此种跳法需要强壮的腰力和十足的勇气。

（5）绑背弹跳。在弹跳者将装备绑于背上后，于倒数"5、4、3、2、1"后双手抱胸、双脚往下悬空一踩，仿佛由高空坠落，会立即感觉大地旋转，地面事物由小变大，整个过程仿若和死神打交道，刺激、过瘾到极点，因而该种跳法被称为最接近死亡的感受的跳法。

（6）双人跳。此种跳法要求其中一方必须要有蹦极经验。当双人于空中反弹时，弹跳绳会将两人紧紧扣在一起，此时此刻是你许下诺言的最佳时机。不过，双人跳存在一定的风险，因此要特别注意，没有蹦极经验是绝对不允许进行的。

2. 按地点分类，大致可分为3种：桥梁蹦极、塔式蹦极和火箭蹦极。

3. 按绑弹跳绳的方法分类

（1）绑腰。这是踏出弹跳的第一步。

（2）绑背。尝试该种蹦极，你会有电梯断线后坠落的感觉。

（3）绑脚。这种蹦极方式可体验奥运跳水选手俯冲的快感，当然前提是脚或腿没有骨折的历史。

4. 按蹦极技巧和人数还可分为前滚翻、后滚翻，单人跳、双人跳等。每种跳法都会有不同的感受。

## 运动"过火"有哪些危害？

生命在于运动，运动既可以使人体保持健康，又可以让人充满活力，所以很多人热衷运动。对于运动的人来说，必须科学地锻炼，才能达到增强体能、增进健康之目的；否则，就会达到相反的效果，伤害身体、有损健康。

很大一部分人误认为只要运动量大，就能达到锻炼的效果，尤其是那些想通过运动减肥的人。然而，运动量过大，会对人体造成伤害，甚至死亡。

运动量过大可能会导致运动猝死，而且这个概率在上升。据相关医学调查，目前许多人的动脉硬化程度很高，而且在安静的状态下隐匿性动脉血管硬化没有什么明显的症状。在这种情况下，如果运动量过大，就会出现猝死的可能。此外，高血压患者在运动中可能出现脑血管破裂。

运动量过大对于女生来说危害很大。相关调查表明，处于青春期的女生如果经常进行运动量大的锻炼，月经会发生异常，可能出现月经初潮推迟、周期不规则、继发性闭经等。例如处于青春期的女运动员，她们进行大运动量的锻炼所导致闭经的发生率比其他女生明显偏高。

运动量过大之所以导致闭经，是由于女生在运动时，大脑中会生成内啡肽。当运动量过大时，这种物质会迅速增加，而浓度过高的内啡肽会直接影响脑部激素的正常运作以及月经周期，从而引起闭经。

此外，女生运动量过大还可能导致身体的脂肪量不足。脂肪是机体制造雌激素的原料，所以当机体内脂肪的比例过低时，就容易影响机体内雌激素的正常水平，进而干扰正常的月经周期。另外，当机体脂肪量过低的时候，还有可能使身体将正常的雌激素转化为另一种非正常雌激素。而这种非正常雌激素是不能传递信息给大脑的，因而导致闭经。

所以，要根据自己的情况运动，选择科学合理的锻炼方法，不能运动"过火"。

## 音乐有什么好处呢？

众所周知，音乐是社会参与程度最高的活动方式之一。那么，你知道音乐有什么好处呢？

1. 音乐可以加大运动量

美国弗吉尼亚州某知名学院开展的一项研究证实：如果在健身运动的同时听自己最喜欢的音乐，有助于加大运动量。骑车锻炼的男子在运动期间听10分钟音乐，其骑车的距离要比不听音乐的男子多11%。

喜欢在运动期间戴着耳机听自己钟爱的音乐的人，通常会有一种感觉：听音乐可使运动更有意思。因而，音乐有助于他们将运动进行到底。英国伦敦布鲁内尔大学的一位运动心理学家也用科学研究证实了这一点。还有相关研究表明，如果能让音乐的节拍与动作的节奏同步，更有利于人加大运动量。

2. 音乐可以舒缓压力，放松身体

如果你想要平心静气的话，不妨听听音乐。在你准备从事一些压力较大的工作之前，可以选择边听音乐边开始着手准备。澳大利亚的一项相关研究发现，对一些准备演讲的人，音乐具有可以防止出现多种与情绪压力有关的应激反应的作用（特别是帕赫贝尔的《D大调卡农》），并且还能减少演讲者出现的心率加快、血压升高、皮质醇水平升高等现象。而那些演讲前没有听音乐的人，上述指标都明显升高。适当的打击乐对身体健康也有好处。国外有人开展过一项研究，主要是让体力消耗大的行业的员工来参加打击乐健身。研究显示，50%的员工参加打击乐健身后，情绪得到了有效调节。参与研究的受试员工说自己之前的疲劳感、焦虑感和压抑感都有所缓解。所以当你压力过大，不知道怎样舒缓时，建议你去尝试一下打击乐吧，把全身的压力尽数释放掉。

3. 音乐可以形成轻柔舒缓的氛围，让你睡个好觉

凯斯西储大学曾做过相关研究，研究表明：在睡觉前听45分钟左右的柔和的催眠曲，有利于降低心率和呼吸频率，因而有助于快点入睡，而且使人睡得更香甜。

## 游泳的益处有哪些？

游泳是一项在水中进行的运动，它既能增强体质、磨炼意志，又能配合临床治疗，促进病体康复。游泳是非常有利于健康的，主要包括下面几个方面：

1. 增强心肌功能

人在水中游泳时，全身器官都参与其中，耗能比平时多，肢体血液易于回流到心脏，促使心率加快。因此，长期游泳的话，心脏运动性会明显增强，收缩有力，血管壁厚度增加、弹性加大，心脏输出血量增加。

2. 增强抵抗力

室内游泳池的水温通常为26℃~28℃，游泳时，在水中浸泡散热较快，耗能也就更大。为尽快补充身体散发的热量，以供冷热平衡的需要，此时神经系统便快速做出反应，促使人体新陈代谢加快，以增强人体对外界的适应能力，抵御寒冷。尤其是经常参加冬

泳的人，由于体温调节功能得到改善，就不容易伤风感冒。此外，游泳还能提高人体内分泌功能，增强脑垂体功能，进而提高机体对疾病的抵抗力。

3. 减肥

游泳时，身体受到的阻力较大，而且水的导热性能非常好，散热速度快，所以身体消耗热量多。有实验证明：人在标准游泳池中游泳 20 分钟所消耗的热量，相当于以同样速度在陆地上跑 1 小时所消耗的热量。由此可见，在水中游泳，可使许多想减肥的人取得事半功倍的效果。

4. 塑造形体

人在游泳时，通常会利用水的浮力俯卧或仰卧于水中，这时全身松弛而舒展，使身体得到全面、匀称、协调的训练，同时使肌肉线条更加流畅、优美。此外，在水中运动减少了地面运动时地面对骨骼造成的冲击，因此降低了骨骼的劳损概率，不易使关节变形。另外，水的阻力还可增加人的运动强度，并且这种强度有别于陆地上的器械训练，是很柔和的。因此，游泳可以塑造形体。

5. 加强肺部功能

肺对呼吸起着至关重要的作用，而肺功能的强弱由呼吸肌功能的强弱来决定。运动是增强呼吸肌功能的有效手段之一。根据有关测试，游泳时人的胸部要受到 12～15 千克的压力，再加上冷水刺激肌肉紧缩，会造成呼吸困难，迫使人用力呼吸，进而加大呼吸深度，这样吸入的氧气量才能满足此时机体的需求。所以，长期游泳可促使人呼吸肌发达，胸围增大，肺活量增加，对健康极为有利。

6. 护肤

游泳的时候，水对肌肤的冲刷，一方面起到了很好的按摩作用，从而促进了血液循环，使皮肤变得光滑有弹性；另一方面，大大减少了汗液中盐分对皮肤的刺激，由此起到护肤的作用。

## 游泳有哪些禁忌？

游泳是一种锻炼身体的好方式，可以增强心肌、肺部功能，提高身体抵抗力，还能塑造形体和磨炼人的意志。

但是游泳也有禁忌，需要游泳爱好者注意。

1. 忌饭前、饭后游泳

空腹游泳不仅会影响食欲和消化功能，还会使人在游泳过程中头昏乏力；饱腹游泳也会影响消化功能，还会出现胃痉挛、呕吐、腹痛等症状。

2. 忌剧烈运动后游泳

在进行剧烈运动后立即游泳，会加重心脏的负担，而且体温的急剧下降还会使抵抗力减弱，进而容易引起感冒、咽喉炎等病症。

3. 忌月经期游泳

女生如果在月经期间游泳，病菌容易通过水进入子宫、输卵管等处，引起感染，很容易导致月经不调、经量过多、经期延长等不良后果。

4. 忌在不熟悉的水域游泳

在不熟悉的天然水域游泳时，切忌贸然下水。如果水域周围和水下情况复杂，可能因此发生意外。

5. 忌长时间暴晒游泳

在酷暑高温的情况下，长时间暴晒容易产生晒斑或被日光灼伤。因此，游泳后最好用伞遮阳或者到有树荫的地方休息，也可披浴巾在身上保护皮肤，并在身体裸露处涂上防晒霜。

6. 忌不热身就游泳

游泳的水温通常比体温低，因此，在下水前必须做必要的热身运动，否则身体容易产生不适感。

### 7. 忌游泳后马上进食

游泳后要休息片刻后才能进食，否则突然进食会增加胃肠的负担，长时间这样容易诱发胃肠道疾病。

### 8. 忌游泳时间太长

一般情况下，皮肤对外界寒冷的刺激有 3 个反应期。第一期：初入水后受冷，皮肤受刺激血管收缩，皮肤略苍白。第二期：在水中停留一段时间后，体表血管扩张，肤色由苍白转呈浅红，这时身体由冷转暖。第三期：在水中停留时间过长，体表散热大于发热，出现鸡皮疙瘩或打寒战的现象，此时应及时出水。通常情况下，游泳的时间一般不应超过 2 小时。

### 9. 有癫痫病史者忌游泳

有癫痫病史的人，只要在游泳时有一瞬间意识失控，就难免会有"灭顶之灾"，后果不堪设想。

### 10. 患高血压者忌游泳

尤其是药物都难以控制的顽固性高血压患者，游泳时有中风的潜在危险。

### 11. 心脏病者忌游泳

患有先天性心脏病、严重冠心病、风湿性心脏瓣膜病和较严重心律失常等病症的患者，对游泳应"敬而远之"。

### 12. 患中耳炎者忌游泳

不论是慢性还是急性中耳炎，如果游泳时不慎让水进入发炎的中耳，就等于"雪上加霜"，病情会更加严重，甚至还可致使颅内感染等。

### 13. 患急性结膜炎者忌游泳

急性结膜炎是一种具有传染性的病症，尤其是在游泳池里，其传染速度、范围都令人吃惊。

14. 某些皮肤病患者忌游泳

如患有各个类型的癣或者过敏性皮肤病，游泳容易加重病情。

15. 忌酒后游泳

酒后身体内储备的葡萄糖会大量消耗，从而出现低血糖。此外，酒精可抑制肝脏的正常生理功能，并且妨碍体内葡萄糖的转化和储备，因而游泳时容易发生意外。

16. 忌忽视泳后卫生

游泳后，首先应立即用软质干巾擦去身上的水，接着滴上氯霉素或硼酸眼药水，擤出鼻腔分泌的污物。如果游泳时耳部不慎进水，可采用"同侧跳"将水排出。之后，还要再做几节放松体操或按摩肢体，以此避免肌群僵化和疲劳。

## 步行的好处有哪些？

如果你没有时间锻炼，也不喜欢健身房，可以试试最简单的运动方法——步行。不要小看步行这项简单的运动，只要步行得当，就能达到良好的锻炼和塑身效果。

美国的一项研究结果显示，如果每天步行半小时，而且一周能坚持6天的话，既可以保持好身材，又能减轻代谢综合征带来的不良影响。这项研究结果曾发表在《美国心脏病学杂志》上。此外，医学家还发现，长期步行上下班和外出旅行的人，心血管疾病、神经衰弱、慢性运动系统疾病等常见病的发病率都远远低于喜欢乘车的人。

步行作为一项健身运动，具有很多益处。首先，步行可以增强腿部和臀部的肌力，进而提高肌肉的防御抵抗能力。其次，步行的自然姿势可以改善脊椎，预防某些背脊疾病，防止骨骼退化和骨质疏松症。再次，如果不间断地步行20～30分钟，能使心血管系统持续不断地为全身输送新鲜血液和氧气，进而增强心肌、肺部和肌肉的功能。最后，有规律的步行运动能增加肺活量并减少便秘的发生，还可以控制血液中胆固醇的水平。

不过，步行健身也有技巧，正确的步行健身方式应包括以下几个要点：

1. 步行健身前要做一些热身运动，比如伸展性运动或者轻缓运动，训练结束后还要进行一些简单的恢复性运动，以预防肌肉、韧带或关节的损伤。

2. 挺胸抬头，每分钟大致走 60~80 米；胳膊应自然摆动；视线要保持在行走的路线上距自身 4~5 米处；走的路线要直，不能左弯右拐。

3. 最好选择在晚饭前或餐后半小时步行健身，建议在空气清新的场所进行，以一般强度和中等强度的运动为主。起初可以每天步行 20 分钟，每周至少 3 次。接着，根据情况逐渐增加每周步行的时间和频率。

4. 步行的时候，可以脱去鞋子，光着脚走在沙地、卵石地上。这样，足部会得到按摩。

5. 步行运动最好有一个"互助环境"的氛围。如果是与几个伙伴同行，心情就会更加舒畅，坚持时间也就越长。因此，为了使步行健身运动坚持得更长久一些，可以和家人、朋友或邻居结伴运动。

## 放风筝有哪些好处？

放风筝是我国民间一种历史悠久的娱乐活动。放风筝不仅受到人们喜欢，而且更重要的是能促进身体健康。

一般来说，放风筝有祛病强身、健脑益智、怡情养性这三大益处。

1. 祛病强身

冬天人们常居室内，容易气血郁积、内热增加，从而引起体热失衡，导致疾病。当春天万物复苏时，到郊外放风筝，你可以充分享受新鲜空气，沐浴阳光，舒展筋骨，促进身体细胞的代谢，提高免疫力，从而起到祛病强身的效果。

放风筝这项健身活动与其医疗功效，在我国古代就受到人们重视。宋代李石在《续博物志》中说："张口而视，可泄内热。"清代富察敦崇在《燕京岁时记》中说："放之（风筝）空中，最能清目。"的确，放风筝时，需要放线、收线，时而前顾，时而后仰，时跑时行，时缓时急，这样张弛相间，有动有静。放风筝时，手、脑、眼协调并用，全身都在不停地运动，身体的很多部位能得到充分的舒展，因而对身体很有好处。随着科技进步和人们对放风筝健身认识的深入，医学专家认为，风筝健身疗法对神经衰弱、视力减退等有很好的疗效，所以国外诸如"风筝疗养所"的机构也应运而生。

2. 健脑益智

放风筝同时也是一项健脑运动。我们都知道放风筝要处理风向、风速的关系，风筝在高空随风飘忽不定，上下翻飞，左右摇曳。为使风筝不落下来，放飞者会大动一番脑筋，正确做出判断，及时调整。这个时候，一切烦恼忧伤都随风消逝，忽略不想。所以，风筝可以治疗抑郁症、神经衰弱、视力减退诸症。如今，现代人放风筝更是发展到高低变幻、声光俱全的高超技艺阶段，相应的需要开动脑筋的地方就更多了。放风筝时牵一线而动全身，手、脑需要协调配合，动静有致、张弛相间，对健脑益智大有益处。

3. 怡情养性

郊野空气新鲜,而且负离子含量远远高于市区,因而在郊野放风筝时可以尽情呼吸清新的空气,令人感到精神振奋、心旷神怡。同时,放风筝还可以陶冶情操,净化心灵。仰观扶摇直上的风筝,可催人奋发向上。

风和日丽的天气是放风筝的绝好时机,所以不妨抓住这有利的时机,走到户外,在蓝蓝的天空下放飞你的风筝。

## 垂钓的好处有哪些?

俗话说得好,"要想身体好,常往河边跑"。垂钓是一项情趣高雅的健身活动。古今中外,无论男女老少,凡是垂钓的人,都会得到无穷的乐趣和有效的锻炼。总体来说,垂钓活动有动、静、知、乐、康5个优点。

1. 动

出发前,垂钓者要制作鱼饵,整理钓具,准备野外活动所需的饮料、食物等,这些是轻松愉快的简单活动。天未亮便早早起床,背上行装,从城市到郊外,或步行,或驱车几十里赶赴钓场,有时候还要跋山涉水,这自然又是一种很好的田径运动。垂钓过程中,会不断地甩竿、投钩,或站或蹲,全身相关部位都得到了均衡的锻炼。值得一提的是,垂钓中的锻炼是任何体育项目所不及的。因为垂钓不像长跑、体操等运动那样需要人的主观意识强迫身体进行运动,垂钓者是在钓鱼情趣的诱惑下,心甘情愿、不知不觉地进行运动。就算那些平时吃不了苦的人,在垂钓过程中也会变得坚韧、顽强。

2. 静

钓鱼需要静。这种静的妙处大概只有垂钓者本人才能领悟到。

那是一种原始的静，童话般的静，充满希冀的静。在晓雾蒙蒙中选好钓点，甩竿投钩于水中后，便可端坐在岸边，静静地观察鱼漂的动静。此时的你排除了一切杂念，精神高度集中。那些人世间的烦恼、生活中的苦闷、学习和工作中的紧张情绪都会随之一扫而光。因而，垂钓既可以静心养神、陶冶情操，又可以磨炼意志。

3. 知

钓鱼同其他活动一样，也需要文化知识，也存在由初级阶段上升到高级阶段、由被动型转变为主动型和知识型的过程。垂钓涉及物理学、气象学、生物学等多方面的知识，虽然垂钓者不需要完全掌握这些知识，但也要有所了解，并加以实践。所以说，钓鱼是一种高雅的娱乐活动，它不仅能丰富人们的文化知识，还能使人变得手勤、腿勤、眼勤、耳勤、脑勤。

4. 乐

垂钓会使你感到无比轻松和快乐。如果钓到一条大鱼，你往往会高兴得手舞足蹈，而且这种乐趣在你的大脑中会持续很长时间。你会对很久之前钓到的大鱼念念不忘，很久之后谈起仍记忆犹新。可见，垂钓的乐趣是无法用语言形容的，只有垂钓者自己能体会。

5. 康

垂钓是一种野外活动，当你离开喧闹的城市，置身于青山绿水、鸟语花香之中，尽情呼吸新鲜空气，沐浴在柔和的阳光中时，动即健体，静则养心，乐则开怀，还能经常吃到自己钓的鲜鱼，岂不健康？而且垂钓对提高人的视觉和头脑的反应能力，都能起到积极作用。此外，我们都知道，负离子有"空气维生素"的誉称，江河湖畔空气中的负离子含量很多，所以如果垂钓者经常吸入这些带负离子的空气，就会达到防病的效果。

综上，垂钓活动集动静、苦乐、知识、刚柔于一体，适合男女老少和任何阶层的人，所以当你有空闲时，不妨一试垂钓。

## 练太极拳的好处有哪些？

众所周知，太极拳是我国优秀传统文化的重要组成部分，而且历史悠久，博大精深。作为一种健身方式，太极拳不仅在国内有广泛的群众基础，而且在国外也深受欢迎。尤其是如今，练习太极拳的年轻人也越来越多。

太极拳结合了传统的导引术和吐纳术，注重练身、练气、练意三者之间的紧密协调。练习时既可锻炼肌肉、舒筋活络，又能透过呼吸与动作之间的相互配合，对内脏加以按摩，以此达到强身健体的效果。主要表现在以下几个方面：

其一，提高神经系统的灵敏性。练太极拳要做到"心静意定"，在练拳时必令大脑皮层休息（心静），并将协调全身器官机能的任务交由中枢神经系统（意定）执行，因而能提高神经系统的灵敏性。

其二，使经络、血管、淋巴系统等畅通。由于练太极拳的时间不会太短，并且搂、拗、屈膝、绞转等动作使动脉血管受到适量挤压，从而得到放松。这样能使血液加速流动，增加体内氧气的供应，同时促进淋巴系统的新陈代谢。

其三，提高身体柔韧度、肌力及肌肉耐力。练太极拳的过程中，多慢速走圆或弧，配以屈腿半蹲式动作，加上不断地交替变换重心以及搂、拗、绞转等，可以提高肌力及肌肉耐力。同时，再配合多方向及大幅度的活动，如下势、蹬脚等，还可改善各关节的柔韧度。

其四，提高心肺功能。由于练太极拳采用的是深、长、细、缓、匀的腹式呼吸方法，因此可增加胸腔的容气量，使各器官的获氧量相对提高。此外，随着练习时间的延长，还能提高心肺功能。

其五，治疗慢性消化道疾病。练拳时，身体的肌肉、骨骼会相互牵引、挤压，加之腹式呼吸方法的作用，内脏会受到按摩。此外，横膈膜升降幅度增大会对肠的蠕动有良好的刺激作用。因此，练太极拳能促进消化。

研究证实，长年修习太极拳对各种慢性病，如神经衰弱、高血压、风湿性关节炎、糖尿病等，有一定程度的辅助治疗作用。所以，为了强身健体，不妨领略一下太极拳的特殊魅力。

### 爬山的益处有哪些？

爬山是一项利用自然条件进行全身性锻炼的有氧运动，也是一种常见的户外运动，被很多人所喜爱。

户外爬山，益处很多，至少有以下几点。

首先，爬山可以锻炼脚和心肺功能。俗话说："人老脚先衰。"只有脚有劲，人才能走、能跳、能跑，才可进行其他锻炼活动，也就不易衰老。众所周知，脚是人体之根，经常爬山可以增强下肢力量，还可以提高关节灵活性，并促进下肢静脉血液的回流，起到预防静脉曲张、骨质疏松及肌肉萎缩等疾病的效果。爬山还能有效刺激下肢的6条经络及许多脚底穴位，使经络通畅，提高人体抗病能力，延缓衰老。爬山时，双臂会自然摆动，腰、背、颈部的关节和肌肉也都在不停地运动，因而能促进身体代谢，增强机体的心肺功能。

其次，爬山可以磨砺意志，开阔胸怀。就如爬楼梯一样，爬山的时候也要一步一步往上爬，而且爬上去后，有时还要一步一步地走下来，确实很辛苦。然而，当你爬到山顶，征服一座又一座山峰时，你会感受到难以形容的兴奋、快乐和满足。"踏遍青山人未老，风景这边独好"，爬山可以让你感受到历经艰难达到巅峰后的独特境界和乐趣。

爬山不仅是人对自然的挑战，也是对自我的挑战。当你体验到"一览众山小"之畅意时，就会享受到回归自然的喜悦，还会平添几分征服自然的豪气，而这种感觉对于深受"现代文明病"困扰的都市人来说无疑是最好的"保健品"。

再次，爬山有利于改善神经系统的调节功能，提高神经系统对错综复杂的情况的应变能力。对于整天在室内伏案工作的脑力劳动者来说，到空气新鲜的野外爬山是一种比较好的休息方式，可使紧张的大脑细胞得到放松。此外，山地的不规则性可促使神经系统及时做出协调、准确的反应，保证人体适应环境的变化、保持肌体生命活动的正常进行。

最后，登山远眺是改善视力最简便有效的办法。极目远望，可缓解眼部肌肉的疲劳。

总而言之，爬山对身体有很大的好处。它对人的视力、心肺功能、四肢协调能力、体内多余脂肪的消耗、延缓人体衰老等方面都有不少益处。所以，大家尽量利用空闲时间去爬一爬山吧！

## 骑自行车的益处有哪些？

自行车是一种既普通又十分便利的交通工具，人们在上下班和郊游时都经常用到它。研究表明，骑自行车和跑步、游泳一样，是一种可以改善人们心肺功能的锻炼方式。骑自行车的益处很多，可以从下面几个方面来说。

其一，能预防大脑老化，提高神经系统的敏捷性。现代运动医学研究结果显示，骑自行车的运动是异侧支配运动，两腿交替蹬踏可促使左、右侧大脑功能同时得以开发，因而防止其早衰或偏废。

其二，可提高心肺功能，锻炼下肢肌力和提高全身肌肉耐力。

由于自行车运动的特殊要求，手臂和躯干多为静力性工作，两腿多为动力性工作，在血液供求重新分配时，下肢的血液供给量较多，而心率的变化也依据蹬踏动作的速度和地势的起伏状况而有所不同。如果身体内部急需补充养料和排出废料，此时心跳常常是平时的 2~3 倍。如此长期反复练习，就能使心肌发达，从而收缩有力，血管壁的弹性也逐渐增强；肺通气量也逐渐增大，肺活量增加，肺的呼吸功能提高。此项运动不仅使下肢髋、膝、踝 3 对关节和下肢肌肉受益，而且还可使颈、背、臂、腹、腰、腹股沟、臀部等处的肌肉、关节、韧带得到相应的锻炼。

其三，能减肥。骑自行车时，不限时间、不限速度，而且需要大量氧气。这样周期性的有氧运动，可以使锻炼者消耗较多的热量，使身材匀称，收到显著的减肥效果。

其四，能延年益寿。根据国际有关委员会的调查统计，以往靠骑自行车送信件的邮递员是世界上各种职业人员中寿命最长的。

相关专家建议，骑自行车运动量要适中。只留意骑自行车的路程是不够的，每次骑车要在 30 分钟以上，但不要超过 1 个小时。而且骑自行车时注意上身要放松，以避免引起肩膀和脖子酸痛等。此外，骑自行车时不要把身体压得过低，否则会限制腹式呼吸。

## 跑步的益处和注意事项有哪些？

跑步是最简便有效的运动方式之一，因为跑步无需特殊的场地或器械。无论是在运动场上还是在公园里，甚至在田野、树林中均可进行跑步锻炼。人们可以自己掌握跑步的速度、距离和路线。如今，跑步已成为深受广大群众欢迎的健身项目。

跑步的主要健身作用表现在以下方面：

1. 增强心肺功能

跑步对于心血管系统、呼吸系统有很大的影响。青少年坚持跑步锻炼，可训练其速度和耐力，还可以促进心肺的正常生长发育。中老年人坚持慢跑，就是坚持有氧代谢的身体锻炼，可保证对心脏的血液、营养物质和氧的充分供给，进而使心脏的功能得以保持和提高。实践证明，有些坚持长跑的中老年人的心脏功能相当于比他们年轻25岁的不经常锻炼的人的心脏功能。跑步对肺部功能的影响也大体如此。

2. 促进新陈代谢，有助于控制体重

我们都知道超重和肥胖往往是患病的重要原因，所以控制体重是保持身体健康的重要原则之一。跑步锻炼既能促进新陈代谢，同时又能消耗大量热量，减少脂肪堆积。

3. 增强神经系统的功能

户外跑步对增强神经系统的功能有良好的作用，尤其是消除脑力劳动的疲劳，进而预防神经衰弱。坚持跑步锻炼的人会有共同的体会，那就是跑步不仅在健身强心方面有着明显的作用，还对促进人体内部的平衡、调剂情绪、振作精神有着积极作用。

一般来说，跑步锻炼时，可以根据自己的身体情况决定跑多久，但专家建议，最好每天能连续跑20分钟以上，并且每周不少于3天。保持跑5分钟能使额头和后背微微出汗的速度即可，心率保持在120～150次/分。需要提醒的是，跑步要注意步伐和呼吸。步伐要平稳，身体尽量不要乱晃；最好用鼻吸，用口、鼻配合呼，而且能每6步左右完成一次呼吸。另外，还要为自己选一双合适的鞋，强度不大可以选普通慢跑鞋，不要穿布鞋、篮球鞋、足球鞋等，否则容易伤脚和膝盖。

## 滑冰运动的好处有哪些？

滑冰是一项集力量、耐力、速度、协调、柔韧、灵活、平衡、优美、稳定于一身的运动项目。如今，越来越多的年轻人加入了滑冰的行列，滑冰不仅仅是一项健身运动，也逐渐成为一种潮流、一种时尚。

滑冰运动有很多益处，不仅能够增强人体的心血管功能、平衡能力、肌肉力量以及身体的柔韧性、弹跳能力，同时还可增强人的心肺功能。

1. 增强心血管功能

滑冰的运动强度较大，能使人的心跳加快，血液循环畅通，心血管系统的功能增强。经常滑冰的人安静时心率为40～60次/分，运动时为180～200次/分。据研究，人静坐时下肢肌肉的毛细血管有5%开放，而在以奔驰如飞的速度滑冰时，肌肉的毛细血管有90%～98%开放，血液循环极为畅通。

2. 提高平衡能力

滑冰运动中的燕式平衡和各种旋转动作是训练人的平衡能力的好方法，耳朵的前庭分析器在旋转、跳跃的过程中受到锻炼，使身体平衡的能力显著增强，因此滑冰对正处于前庭和半规管发育期的孩子尤其有益。

3. 增强下肢力量

滑行中的蹬冰、燕式平衡，也是锻炼下肢力量的极好方式。滑行中的跳跃和旋转是对全身控制能力的考验和提高。

4. 提高柔韧性和弹跳能力

跳跃、旋转等动作可明显提高身体的柔韧性和弹跳能力。此外，经常滑冰的人，两腿及腰部肌肉会得到充足的营养。青少年练习滑冰，还可以使下肢骨骼的骨骺得到刺激，促进下肢骨骼生长。

5. 利于控制体重

花样滑冰是标准的有氧运动，能有效地消耗脂肪。如果体重60千克的人以自感不累的强度连续滑行半小时，将会消耗热量约150千卡。

## 打保龄球的好处有哪些？

保龄球又叫"地滚球"，起源于德国，是一种在木板球道上用球滚击球瓶的室内体育运动。保龄球具有娱乐性、趣味性、抗争性和技巧性，给人以身体和意志的锻炼。由于保龄球是室内活动，不受时间、天气等外界条件的影响，易学易打，所以很多年轻人以为保龄球只适合中老年人，其实不是这样的，保龄球是老少皆宜的特殊运动。

打保龄球是一项自己和自己斗的运动，也就是说，是自己战胜自己的竞技运动。保龄球运动对动作的要求相当细腻，即使一点很微小的变化都会对球的撞击效果产生很大的影响。此外，保龄球运动对心理的稳定要求相当高，只有保持稳定的心理，才能打出好成绩，所以保龄球运动可以改善人的心理状态。

打保龄球能够锻炼人的大脑，激发人的智慧。打保龄球的过程实际上是一个高速用脑的过程，从助走到球出手再到球撞击球瓶的时间是非常短的，只有几秒的时间，然而就在这很短的时间内，你必须对球的出手、落点、线路、撞击的效果进行分析判断，并以此作为下一个球调整的依据。如此反复，虽然体力消耗不大，但脑力消耗是很大的。俗话说："脑子越用越活。"练球对所有打球的人的大脑开发都是有好处的，可以这样说，一个保龄球打得不错的人一定是一个聪明的人。

打保龄球还能培养一个人创造美和欣赏美的能力。当球按照自己所设想的速度、线路在球道上旋转行进时，就是一种美；当助走结束，球很顺利地脱手而出时，此时完美的手感也是一种美；当保龄球撞击球瓶发出清脆的响声，球瓶被纷纷击倒时，那更是一种美，一种破坏的美，一种只有在保龄球馆才能感受到的因破坏而享受到的美。所以，一个保龄球打得好的人同时也是一个创造美和欣赏美的艺术家。

打保龄球能够满足现代文明社会里人性潜在的破坏欲，缓解、消除工作和生活中的压力。保龄球运动之所以能够使你忘却烦恼，是因为它是一项要求精力高度集中的运动，打球时要求你全神贯注于球道上的目标点，抛开一切杂念，然后助走、出手、观察球的线路、分析击打效果。在这个过程中，你体会到的只有运动给予的乐趣。

打保龄球能够增进友谊。保龄球运动是一个不断向高手请教以及和球友交流、切磋的过程。在请教、交流、切磋过程中，自然就增进了与他人之间的友谊。所以，如果你想以球会友，以球怡情，谈天说地，增进友谊，保龄球实在是一个不错的选择。

## 运动中的饮食方法是什么？

现在越来越多的人已经开始加入到体育运动中，进行身体锻炼了，但是大部分人并不知道，"运动饮食"也影响着健身效果。科学合理的饮食会让训练效果事半功倍，因此只有根据运动量、运动时间等具体情况进行科学合理的饮食搭配，才能使锻炼最有效。

**运动量**

1. 运动少于 1 小时的饮食原则

运动时间偏短,不需要额外补充食物,但要补充水分。建议:每 15 分钟喝 150～300 毫升水。

2. 运动 1～3 小时的饮食原则

运动 1～3 小时属于中等时间的运动,运动后最好及时给身体补充糖分,以免出现低血糖。建议:可以补充含糖饮料,如体饮等运动饮料。也可以喝白水,但同时应摄入能够让糖分快速被吸收的食品,如果酱夹心饼干、水果干、谷物营养棒等。

3. 运动超过 3 小时的饮食原则

运动超过 3 小时属于较长时间的运动,需要准备大量的水以及能提供慢糖的食物,即糖分消耗较慢,逐步释放热量的食物。建议:每小时补充 500 毫升水以及小黄油饼干、杏仁糕、甜乳制品、新鲜水果等食物。

**运动时间**

1. 清晨运动饮食原则

可以根据个人喜好,空腹运动或正常进食后 1 小时再运动,但需注意在运动前、中、后补充足够的水分。如果不想发胖,感觉有点饿时,可以喝些饮品,如牛奶、果汁、豆浆等,再吃点膳食纤维含量高的饼干也可以。

2. 下午运动饮食原则

在进行运动前 3 小时吃完午餐,并补充水分。适量摄入米饭等含碳水化合物的食物,可以使运动时精力充沛。如果做的是肌力训练,就应多吃含蛋白质的食物,比如鱼肉、虾,它们能帮助肌肉组织生长。

3. 晚间运动饮食原则

饭后 1 小时内运动，常常容易感到疲劳，因为肌肉活动需要富含氧的血液，而此时血液都流往消化道了。一般来说，饭后 2 小时再做运动比较好。可以在运动后适度补水，但不要再大量补充食物，以免影响消化及睡眠。想要不发胖，晚餐时可以选择谷物类、新鲜水果、绿叶蔬菜等能维持体力却又不致发胖的食物。此外，应注意控制饭量，因为晚上新陈代谢较慢，所以很容易囤积多余的热量。如果晚餐吃得很少，可以补充一点葡萄干、麦片、酸奶、一小片低脂面包等。

## 体力劳动为何不能代替体育运动？

体力劳动与体育运动仅是两字之差，但究竟体力劳动能否取代体育运动呢？虽然两者都是体力活动，也具有许多共同点，但两者所起的作用并不相同。相关专家经过多年的深入研究，得出了明确的结论：体力劳动不能代替体育运动。

这是由于进行体力劳动时受条件的限制，身体往往需保持一定的体位或局限于某种固定的姿势，并重复做单一的动作，而这样只能锻炼身体的局部肌肉，其他部分的肌肉则处于相对静止的状态，也就是说，其锻炼效果是不均衡、不全面的。而参加体育运动则能取得不一样的效果，具体来说，主要有以下几点。

1. 适当的体育运动可以消除疲劳

由于劳动和体育锻炼环境的不同，导致心情也不一样。人会因长时间的繁重体力劳动而产生疲劳和厌倦之感，而体育锻炼则不会让人产生这种情绪，它会使人变得愉快而富有朝气。长时间的劳动造成疲劳的一个因素是局部肌肉活动代谢物的积累，而进行适当的全身活动可促进全身血液循环，进而改善疲劳肢体的氧气和营养物质的供应，以此加快代谢物的消除，使肌肉的收缩能力恢复正常，疲劳感就会渐渐消失。

2. 体育运动对人体各器官的锻炼要比体力劳动的作用更大

体力劳动虽然对提高力量、速度、耐力、灵巧、柔韧等有一定的效果，但是由于体力劳动本身的局限性，劳动过程中并不需要心、肺发挥最大的作用，所以体力劳动对有些器官的锻炼不够。而体育运动却是多种多样的，可以使全身各部位得到全面的、均衡的发展，使人体各器官机能的潜力得到充分发挥，因而对人体起到的锻炼作用更大。

3. 体育运动是提高身体素质、预防疾病的重要手段

体育运动在增强体质的同时，也提高了人体各器官对环境变化的适应能力，所以能大大提高人体对疾病的抵抗力。

4. 体育运动可给人带来青春活力

精神健康与躯体健康有着十分密切的关系，乐观、开朗等积极的情绪可以让人保持活力、延缓衰老。经常参加体育运动可给人带来青春活力，使生活充满生气和欢乐，使人精神饱满、精力充沛。此外，体育运动还能促进交感神经兴奋和肾上腺素分泌，从而改善器官的功能、肌肉代谢状况，促使疲劳的器官迅速恢复工作能力。从这一角度说，体育运动还是一种积极性的休息方式。

## 哪些健身运动适合青少年？

因为青少年正处于发育期的特殊阶段，所以他们的健身运动和中老年人有所不同。打乒乓球、弹跳运动、长跑是最适合他们的健身运动。

1. 打乒乓球预防近视

造成近视的主要原因之一是眼睛疲劳，而在打乒乓球的过程中，双眼必须紧紧盯着穿梭往来、忽远忽近、旋转多变的乒乓球，使眼球不断运动，血液循环增强，眼神经机能提高，因而能减轻或消除眼睛疲劳，起到预防近视的作用。

2. 弹跳运动健脑益智

运动最健脑，这是由于运动能增加脑中多种神经质的活力，使大脑的思维与反应更为活跃、敏捷。另外，运动能提高心脏功能，加快血液循环，进而使大脑得到更多氧气与养分。在健脑益智的运动中尤以弹跳运动为佳，它们能供给大脑充分的能量，常见的弹跳运动有跳绳、踢毽子、跳皮筋、舞蹈等。

3. 长跑有助于生长发育

研究发现，经过一年长跑训练的儿童，身体发育正常，而且他们的身高、体重的增长优于其他儿童，所以很多专家主张把一般耐力训练作为儿童训练的基础。从与长跑关系最为密切的心脏功能看，儿童心脏的各项指标的绝对值虽比成人低，但若以每千克体重计算，每搏输出量并不比成人低，由此可见儿童心脏有承受一定负荷的能力。综上所述，儿童长跑不但无碍健康，而且有助于生长发育。

需要注意的是，青少年毕竟机体发育未成熟，因而即便选择长跑，也必须注意如下两点：①控制强度，速度不能过快，要以匀速低强度为宜。长跑应以有氧代谢为主。均匀的慢速长跑能有效地促进青少年心肺功能的发育；相反，速度太快，心肺负荷大，青少年的机体就不易适应。②要量力而行，不要勉强跑力所不及的距离。只有从小有长跑习惯的人，以均匀慢速才可跑数千以至上万米的距离。另外，青少年容易疲劳，也容易恢复，所以可在长跑途中作短暂休息。

## 怎样避免在运动中受伤？

如今，运动已经成了越来越多人重要的休闲娱乐方式之一，尤其对于很多年轻人来说，运动已经成为生活必不可少的组成部分。然而，受伤几乎成了所有运动者的一大烦恼。运动受伤不仅会给你造成不同程度的伤痛，甚至残疾，还会给你带来精神上的烦恼。其实，所有伤害都是可以预防和避免的。防止在运动过程中受伤的最佳方法就是严格遵循以下5个步骤：

1. 适当热身

有调查表明，八成以上的运动受伤是由突然增加运动量造成的。因此，一般运动者参加激烈的体育运动前，要主动向教练人员学习科学热身（即准备活动）的方法。这样就能使身体各关节、肌肉的柔韧度增加，也能使心脑血管紧张度变得适合运动，并能使人对自己的体能状况"心中有数"，以便掌握运动量和强度。若是在寒冷天气，有必要多穿一些衣物来保温，并延长运动前的热身时间。可以采用一些柔韧性拉伸操来预热，时间在10分钟左右即可。通过热身，让血液把能量物质输送到全身，也只有这样，人们才能避免在激烈运动中受伤。

2. 正确训练

正确训练，不但指身体每个部位训练方式的正确性，而且还包括每个部位训练顺序的合理性、正确性。比如，在练完胸部之后，接下来最佳的选择不是小腿训练，而是肩部训练。再比如说，许多人肱二头肌受伤都发生在臂部训练的开始部分，即弯举练习。因此，千万不要把杠铃弯举作为臂部训练的第一个动作。

3. 不要使肌肉过度疲劳

在训练过程中，要根据自身的实际情况，注意不要运动过度，不可让肌肉过度疲劳。当身体发出"我不行了""不能再练了"的信号时，而你却无视，那么你离受伤就不远了。

4. 集中注意力

当你开始运动后，要集中你的注意力。运动过程中，如果漫不经心，随时都可能造成身体损伤。

5. 补充营养

食物是我们获得能量的来源，合理的营养补充可以快速修复我们无意间破坏的肌纤维，帮助我们的身体达到最佳状态，从而使受伤概率大大降低。

## 怎样健康上网？

互联网是一把"双刃剑"，它既开启了一种全新的文化空间，又给法律、道德带来了新的挑战，直接影响到人们的生活方式、价值观念、行为方式。现在，上网已经成为很多人必不可少的休闲娱乐方式。

然而，很多人存在不健康的上网习惯，甚至上网成瘾。有网瘾的人会陷入网络，难以自拔。他们可以不吃饭、不睡觉，但是不能不上网，即使他们意识到问题的严重性，但却仍会继续。网瘾的外在表现为情绪低落、头昏眼花、双眼无神、疲乏无力、食欲不振等。上网成瘾问题不仅已经成为很多家庭的创伤和困扰，还引发了一系列的社会问题。

人们有着求新、求异、追求娱乐的强烈需求，而互联网的新奇性、虚拟性、游戏性正好满足了这些特殊的心理需求。互联网如果使用得当，能够给人们的工作和生活带来极大的方便；如果使用不当，虚拟世界就会令人迷失，甚至让人把真实世界和虚拟世界相混淆。互联网在使人们的交流和互动空前开放的同时，也对现在的法律、道德形成了新的挑战。在形形色色的互联网信息中，潜伏着各种有毒文化，比如渲染色情、暴力的网络"色情文化""暴力文化"等，这些都会给人们带来各种不良影响。

从一定意义上说，互联网给人们带来的是效率和快乐，还是伤害和危险，关键不在于互联网本身，而在于人们如何使用它。因此，健康上网是极为重要的。

要做到健康上网，就要对上网内容和上网时间进行掌控。浏览网页内容时，坚决不点击诱导性信息或弹窗，并通过正规渠道下载绿色上网软件，以过滤不良内容。远离涉及不雅视频和暴力的网络游戏，确保网络环境的健康与安全。切勿随意点击不明链接，特别是在网页上输入个人隐私信息，如银行账号和密码。对于网购退款、中奖或兼职信息，要保持警惕，防止上当受骗。学会控制上网时间，避免成为"低头族"或网络的"奴隶"。珍惜与家人相处的时光，多参与户外活动，锻炼身体，享受现实世界的乐趣，确保身心健康。

## 五种假期休闲方式指的是什么？

随着社会的发展，人们在物质生活得到满足的同时，渐渐开始讲求生活品位，追求惬意、舒畅的生活。一般来说，休闲方式可以分为娱乐型、知识型、收藏型、体育型和旅游型。

娱乐型休闲是最常见的一种。这种休闲方式的特点是即兴、舒适、自得其乐，没有特定目的，只是单纯地放松、娱乐。比如组织家庭聚会，只需备些瓜果、点心、饮料，大家可边吃边聊，既不累筋骨，又舒缓心情。

知识型休闲是好学者的选择。改变往常的生活节奏，你可以利用周末较集中地学习一些知识或技能，以此增长见识。当然，这种"补血"可以让你终生受益。如今，知识的载体是多种多样的，包罗万象，图书、报纸和杂志都是不错的"精神食品"。常读书，除了能提高人的素养，还能安定人的情绪，净化人的心灵，因此是不错的休闲方式。

收藏型休闲的范围是很广泛的，尤其是到了今天。对于大多爱收藏的人来说，集邮、集币、集报、藏石、藏书、藏画、藏瓷等都是极为有益而且增趣的文化享受。随着藏品增多，收藏者自然能提高自己的文化修养。

体育型休闲是人们在闲暇之余通过体育活动来锻炼身体、增进身心健康的休闲方式。体育活动不仅有助于强健体魄、预防疾病，还能丰富个人的生活情趣，提升文化素养，促进精神文明建设。此外，体育活动对于加强人际关系以及促进人的社会化和个性形成等方面也具有深远的影响和意义。简而言之，体育型休闲活动是人们追求身心健康、提升生活质量和促进社会交往的重要途径。常见的体育型休闲活动有散步、快走等。其他体育活动，如打球、骑马等，同样既是放松身心的方式，又是健身训练的手段。

旅游型休闲是比较受大众欢迎的休闲方式。你可以避开城市的纷乱，投进大自然的怀抱，去领略"田园牧歌"情趣，也可以选个风光旖旎的好去处，尽情游山玩水，一饱眼福。

如今，越来越多的人喜欢利用假日读书"充电"。越来越多的人舍得花钱、花时间学习多种技能。此外，插花、茶艺等丰富多彩的文化休闲方式在人们生活中所占的比重也越来越大。曾经只知道逛商场的人，如今也喜欢到图书馆、大剧院、音乐厅、艺术展览会、博物馆去消磨时间了。

## 常用的读书方法有哪几种？

读书方法有很多种，不同的读书方法适用于不同的人，适当地选择读书方法可以提高读书的效率。下面是几种常见的读书方法。

1. 精读

精读即细读多思，反复琢磨，反复研究，边分析边评价，务求明白透彻，了然于心，以便吸取文字中的精华。对专业性的书籍以及名篇佳作，尤其应该采取这种方法。文章的"微言精义"，只有精心研究、细细咀嚼，才能"愈挖愈出，愈研愈精"。可以说，精读是最重要的一种读书方法。

2. 通读

通读即从头到尾地阅读，通览全篇，旨在读懂、读通、了解全貌，以求一个完整的印象，取得"鸟瞰全景"的效果。这种方法适合读比较重要的书、报、杂志。

3. 跳读

这是一种跳跃式的读书方法。读书时抓住书的"筋骨脉络"阅读，重点掌握各个段落的观点。如果读书遇到疑问，经反复思考仍不得其解时，也可以跳过去，继续向后读，就可前后贯通了。

4. 速读

这是一种快速读书的方法，即陶渊明曾说过的"好读书，不求甚解"。阅读时采取"扫描法"，一目十行，将文章迅速浏览一遍，只需了解文章大意即可。这种方法可以加快阅读速度，扩大阅读量。

5. 略读

这是一种粗略读书的方法。与精读相反，阅读时可以随便翻翻，略观大意；也可以只抓住评论的关键性语句，弄清主要观点，了解主要事实或典型事例即可。阅读时重点看标题、导语、结尾等，就可大致了解文章大意或主要观点，达到阅读目的。

6. 写读

俗话说："好记性不如烂笔头。"因此，读书与摘录、记心得、写文章等结合起来，既能积累大量的材料，还能有效地提高写作水平。

7. 序例读

读书之前，先读书的序言和凡例，了解内容概要，明确写书的纲领和目的等，有指导、有步骤地进行阅读。读完书之后，也可以再次读书序和凡例，以便加深理解，巩固提高。

## 看书有哪"四不宜"？

看书是一个良好的习惯，但是很多人看书时存在许多问题。通常情况下，看书有"四不宜"，青少年要尤为注意。

1. 乘车时不宜看书

车上人多、光线不足，如若长时间看书，必然会使眼睛疲劳，极易损坏眼睛的健康。另外，车辆在行进中，左右摇晃，上下跳动，眼睛与书之间的距离变化不定。如果要看清书上的字迹，必须不断调整焦距，很容易造成视神经的疲劳，而视神经的过度疲劳必然会影响视力。

2. 阳光下不宜看书

在阳光下看书，强烈的阳光会刺激到眼睛，从而对视力产生危害。

3. 卧床不宜看书

卧床看书，虽然比较舒服，但眼睛容易疲劳。此外，当一个人躺在床上时，肌肉放松，大脑的活动程度逐渐降低，中枢神经渐渐进入抑制状态，呼吸和心跳会减慢。然而，看书时必须运用大脑，而且大脑会随着书中的情节和问题发生复杂的情绪变化，而且还要进行一些思考活动，这样就会使大脑神经中枢兴奋起来。这种兴奋和"躺下"所产生的自然的生理抑制状态相抵触，不仅会使记忆力、思考力减退，而且会使神经活动发生紊乱。久而久之，就会引起夜间失眠、睡不熟等一系列神经衰弱的症状。

4. 吃饭时不宜看书

当我们吃饭时，大脑会参与调节消化过程，指挥唾液腺、胃和胰腺等器官分泌消化液。食物的色、香、味、形以及咀嚼时发出的声音等，都会通过我们的感官（嗅觉、视觉、听觉）传递到大脑，从而刺激胃液和胰液的分泌。然而，如果我们在吃饭时阅读书籍，我们的注意力就会集中在书中的内容上，导致食物对大脑的刺激减弱，进而减少胃液和胰液的分泌。在这种情况下，胃、肠的蠕动也会相应减弱，影响食物的正常消化和营养的吸收。

此外，如果我们在食物还未被充分消化的时候进行剧烈运动或脑力劳动，大量的血液就会被输送到肌肉或大脑，而帮助胃、肠进行消化的血液量则会减少。这会造成胃、肠动力不足，容易引发消化不良。长期如此，甚至还可能诱发胃肠道疾病。

## 如何欣赏书法？

现代著名书法家沈尹默说："世人公认中国书法是最高艺术，

就是因为它能显出惊人的奇迹，无色而具图画的灿烂，无声而有音乐的和谐，引人欣赏，心畅神怡。"一件优秀的书法作品令人百看不厌，给人以极大的美的享受。然而，并不是说每个人都能够从书法中获得美感，要领会作品中所包含的美学意义，必须具备一定的欣赏能力。因此，欣赏书法也是一门学问。

书法欣赏是一种特殊的认识活动，有它本身的规律。研究和掌握这些规律，便可找到书法欣赏的途径。

其一，书法欣赏需要反复地观赏玩味。因为书法欣赏是一种认识活动，所以也就必然要遵循人类认识活动的一般规律，有一个由表及里、由浅入深的过程，并且这种认识过程不是一次就能完成的，需要不断重复。欣赏书法时，必须透过字面领略其力感、情感、气韵、风格等所产生的美，这就需要较长时间的静观默察和揣摩玩味。有时欣赏一幅书法作品，粗看时似乎感觉平淡无奇，但细看时才发现它有惊人之妙，以至后来越看越想看，越看越爱看。相传唐代书法家欧阳询有一次外出，偶然发现晋代书法家索靖的碑帖，竟然流连忘返，不能自已。他先是站着看，然后坐着看，最后索性睡在碑旁看，细细看了三天才离去。

其二，书法欣赏需要发挥主观能动性。书法被誉为"有情的图画、无声的音乐"，所以书法欣赏也像美术、音乐欣赏一样，离不开想象。如果欣赏者如同认字一样把书法作品看成一些刻板抽象的符号，那就根本谈不上书法欣赏，也就领略不到其中的美感。此外，无论是石刻还是墨迹，呈现在人面前的都是静止不动的东西，只有通过想象才可以体会它的美。

其三，书法欣赏带有主观色彩。书法欣赏是艺术的再创造，不可避免会带有再创造者的主观色彩。所谓"仁者乐山，智者乐水"，就是人们对这种审美的主观色彩的生动描述。书法欣赏因人而异，有的喜欢欧体的险劲美，有的喜欢颜体的浑朴美，有的喜欢柳体的挺立美，还有的喜欢赵体的遒丽美……即便是同一个人，也会随着年龄、文化素养、生活阅历乃至情绪等的变化，对同一件书法作品有不同的审美感受。所有这些都是书法欣赏中的正常现象。然而，这并不是说书法审美没有标准，任何艺术形式都是有一定的审美标准的。我们不能因书法艺术审美的主观性而否认书法艺术审美的普遍客观标准。

总体来说，欣赏书法不仅是体会作品点画、结体、章法的匠心与功力，更重要的是通过书法作品去感受书法家的气质、情感，以及他们特殊的审美追求。书法家通过手和思想来创造，欣赏者则靠眼力来挖掘和发现作品中蕴藏的生命与灵魂，这也是一种再创造，而且这种再创造的成效取决于欣赏者自身的知识、修养、阅历、心境等诸多因素。

## 绘画有哪些种类？

绘画和音乐一样，是一种艺术形式。它是运用线条、色彩等艺术语言，通过造型、设色和构图等艺术手段，塑造出静态的视觉形象，以表达作者审美感受的艺术形式。绘画的种类繁多，从不同的角度可将它划分为不同的类别。

从地域看，绘画可分为东方绘画和西洋绘画；

从工具材料看，绘画可分为水墨画、油画、版画、水彩画、水粉画、壁画、岩画、布贴画等；

从题材内容看，绘画可分为人物画、风景画、静物画、动物画、风俗画、军事画、宗教画等；

从作品的形式看，绘画可分为壁画、年画、连环画、漫画、宣传画、插图等；

从画面形式看，绘画可分为单幅画、组画、连环画、细密画、架上画、卷轴画、镶嵌画等。

不同类别的绘画形式，有着各自独特的表现形式与审美特征，比如中国画和油画。

中国画又称"国画"，在世界绘画领域中自成体系，独具特色，是东方绘画体系的主流。在工具材料上，中国画大多是用毛笔、墨水在宣纸、绢帛上画的，讲究笔、墨，着眼于用笔、墨造型。在表现方法上，中国画通常采用一种散点透视的方法。在画面构成上，中国画讲究诗、书、画、印交相辉映，形成了独特的形式美与内容美。

油画是西洋绘画的代表，它也是世界绘画艺术中最有影响力的画种之一。在工具材料上，油画一般是用油质颜料在布、木板或厚纸板上画成的。在表现方法上，传统的油画家采用焦点透视法作画。在画面构成上，油画讲究画面景物充实，按自然的秩序布满画面，呈现出自然的真实境界。

## 到电影院看电影时需要注意什么？

如今，利用休闲时间到电影院看电影的人越来越多。由于电影院是公共场所，去看电影时需要注意以下几点：

1. 提前购票，进场时核对场次、片名，对号入座。

2. 观影期间，注意保持安静，不要喧哗，将手机设为震动，吃东西不要发出声响，尽量不要打扰他人。

3. 禁止吸烟，注意保持环境卫生。

4. 一般情况下，电影院是禁止摄影、录像及录音的。

5. 妥善保管自己的贵重物品，散场时不要忘记带走。

6. 散场时，应从指定出口离场。

## 听音乐会时需要注意哪些事项？

为了满足人们的欣赏需求，如今举办的音乐会越来越多。但去听音乐会并不是一项单纯的娱乐活动，还需要注意以下几个方面：

1. 着装整洁、干净。

2. 根据时间，尽量提前入场，便于熟悉和了解演出曲目，更好地欣赏音乐。

3. 一般音乐会对儿童的入场年龄有所限制。即使没有要求，家长也要自觉看护好自己的孩子，避免孩子影响演出。

4. 对号入座，不携带任何容易发出声音的物品（食品）入场，切记关闭手机。

5. 音乐会开始后，不得在场内随意走动和喧哗，迟到的观众不得贸然入场，需在指定的地点安静地等候第一首乐曲结束后才可入场。

6. 有特殊情况要提前退场的观众，应在一首乐曲结束，观众鼓掌的时候悄悄离开。

7. 当乐队指挥或独唱演员出场时，应鼓掌；在演出之时，乐章之间的停顿要保持安静。当一首乐曲完全结束时，指挥会转过身来谢幕，此时观众可以用鼓掌、喝彩来表示对艺术家们的感谢。

8. 演出结束后方可向音乐家献花，在音乐会演出中途登台献花是不合适的。

9. 应尽可能看完整场演出后再离场。

## 出去旅游需要注意些什么？

如今，热衷旅游的人越来越多，但是外出旅游有很多需要注意的地方，以便在旅游过程中避免不必要的麻烦。

1. 制订周密的旅游计划，事先安排好时间、路线、食宿等，带好导游图（书）及必需的行装（衣衫、卫生用品等）。

2. 带个小药包。外出旅游，一定要带上一些常用药，因为旅行难免会碰上一些意外情况。如果随身带上小药包，可做到有备无患。

3. 注意旅途安全。旅游有时会经过一些危险区域，如陡坡密林、悬崖蹊径、急流深洞等，在这些危险区域，要尽量结伴而行，千万不要独自冒险前往。

4. 尊重当地的习俗。俗话说，"入乡随俗"。在进入少数民族聚居区旅游时，要尊重当地的传统习俗和生活中的禁忌，切不可因言行的不慎而伤害他们。

5. 注意卫生。品尝当地的名菜、名小吃无疑是一种享受，但一定要注意饮食卫生，切忌暴饮暴食。

6. 谨防传染病。外出旅游时，接触到的人、公共用品比较多，手部细菌自然也就变多了。因此，在洗手前，尽量避免用手触摸眼、口、鼻等部位。若在流感高发季节，最好戴好口罩，以防被传染。

7. 讲文明礼貌。任何时候、任何场合，对人都要有礼貌，事事谦逊忍让，自觉遵守公共秩序。

8. 爱护文物古迹。每到一地都应自觉爱护文物古迹和景区的花草树木，不在古迹上乱刻乱涂。

9. 警惕上当受骗。在旅游景点不能掉以轻心，切忌与陌生人轻易深交，勿泄"机密"，以防上当受骗，造成自己的经济损失。

10. 进寺庙游览时，与僧人见面常用的行礼方式为双手合十，微微低头，忌用握手、拥抱、摸僧人头部等不当礼节。与僧人、道人交谈，不应提及杀戮之辞、婚配之事以及食用荤腥之言，以免引起僧人反感。游历寺庙时不可大声喧哗、指点议论、妄加嘲讽或随便乱走，不可乱动寺庙之物，尤禁乱摸神像。如遇佛事活动，应静立默视或悄然离开。